U0330165

黄远光　著

心海拾贝

幸福心理的探寻、实践与感悟

 中山大学出版社
SUN YAT-SEN UNIVERSITY PRESS

·广州·

图书在版编目（CIP）数据

心海拾贝：幸福心理的探寻、实践与感悟 / 黄远光著. —广州：中山大学出版社，2024.6

ISBN 978 - 7 - 306 - 08081 - 3

Ⅰ. ①心… Ⅱ. ①黄… Ⅲ. ①心理学—文集 Ⅳ. ①B84 - 53

中国国家版本馆 CIP 数据核字（2024）第 085402 号

XINHAI SHIBEI

出 版 人：王天琪
策划编辑：谢贞静　陈文杰
责任编辑：谢贞静
封面设计：林绵华
责任校对：周擎晴
责任技编：靳晓虹
出版发行：中山大学出版社
电　　话：编辑部 020 - 84110776，84113349，84111997，84110779，
　　　　　84110283
　　　　　发行部 020 - 84111998，84111981，84111160
地　　址：广州市新港西路 135 号
邮　　编：510275　　　　传　真：020 - 84036565
网　　址：http://www.zsup.com.cn　　E-mail：zdcbs@mail.sysu.edu.cn
印 刷 者：佛山市浩文彩色印刷有限公司
规　　格：880mm × 1240mm　1/32　8.125 印张　180 千字
版次印次：2024 年 6 月第 1 版　　2024 年 6 月第 1 次印刷
定　　价：66.00 元

一本可能会助你减轻焦虑的枕边书

自　序

本书是我个人历时 20 多年撰写而成的一本心理感悟性文集。书中收录了 90 多篇有关探寻、实践与感悟幸福心理和积极心理的文章，特别适合需要树立信心与信念的青少年和大学生阅读，也适合刚刚步入养儿养女阶段的年轻父母以及需要修心养性的中老年人阅读，部分内容还适合公职人员阅读。这是一本可帮你缓解生活焦虑的枕边书。

我从小就有记笔记的习惯，每当在生活和工作中出现灵感或有所感悟时，就会及时记录下来，这些想法经过反复思考，待成熟后便一气呵成写成文章。2006 年之后我开始研究幸福生活和幸福心理的相互关系，将研究聚焦于积极心理学在生活和工作中的应用，并把幸福心理和积极心理的理念融入我的笔记和文章中，给所撰写的文章增添了积极乐观、催人上进的色彩。

我是一名执业医师，也是广东省健康科普专家，曾参加清华大学积极心理学实践班的学习，我自觉有责任和义务与大家分享自己的一些心理感悟。希望能将自己的心理感悟作为心理健康教育内容供大家参考——用感悟影响感悟！

幸福是什么？幸福生活又是什么？幸福是一种对自己生活比较满意的感觉。幸福生活则是一种比较满意的生活状态。围绕着幸福生活与幸福心理及积极心理，我对生活中出现的许多现象进行了一些分析和思考，并将其撰写成文章。本书中的文章概括来说就是：对幸福心理的探寻、实践与感悟。

幸福其实不简单。幸福需要平安、健康、财富、文化、教育、旅游、心态、信念、信心、自律、舒适圈、人生资本等基本要素来承载。书中有不少文章是对这些幸福因素和概念的分析与感悟。

本书中还有一些内容是我个人 40 ~ 60 岁这 20 来年中的心路历程，当然，其中不乏对我 40 岁以前人生经验的总结，可以说是在追求幸福生活的过程中关于幸福心理的探寻、实践与感悟。

本书不是理论书，也不是处方书，不以给别人提供指导意见为目的，仅仅希望能够用我的心理感悟正向地影响有缘人的心理感悟。当然，我也希望本书能让有所感悟的人减少烦恼，减少焦虑，生活更加积极上进，幸福美满！

前　言

我小时候喜欢天文地理，长大后的工作却与心理有关，于是，我便关心起日常生活中一些与心理（心海）相关的事情和工作中一些与心理（心海）有关的事例。

每每在生活和工作中遇到与心理相关的问题，我就会细心思索其原因、可能的结果及解决的方法等，一旦思考成熟，就会一气呵成写成短文。时时笔耕，日积月累，我竟在近20年的时间里写下了上千篇短文。

心海——心理上的"海"，拾贝——采撷的"贝壳"，生活中点点滴滴的"宝贝"。这些文章基本上是我在生活和工作中经历的一些有关心理的小故事以及对这些小故事的思考。我运用自己学习到的知识，如医学、心理学、哲学等，以生活随笔的方式写出这些感悟，可以说是我中年以后对幸福生活理解的心路历程，也可以说是我在探寻幸福过程中的一些感悟。

生命绵长，生活中的每一个美好瞬间，都仿佛是我在"心海"边上徐徐漫步，遇见的躺在沙滩上的美丽"贝壳"，我一一采撷，将其创作为一篇篇文章，再经过精挑细选，选出了90多篇文章结集成书。

目　录

三　幸福生活的尝试

四　幸福生活的体会

五　养儿育女的感慨

一

幸福生活的理解

幸福其实不简单

关键词： 幸福　不简单　平安　健康　金钱

有人说："幸福其实很简单！"

这句话说起来容易，但是真正要做到却不容易，因为幸福并没有想象的那么简单。

幸福，是一种对自己生活满意度的感觉。

这种感觉以物质为基础，以平安为前提，以健康为保证，以心境愉悦为表现。换言之，幸福需要物质、平安、健康、快乐等基本要素来承载。

当然，幸福还需要信念、信心、文化、教育、旅游、心态、自律、舒适圈、人生资本等其他基本要素来承载。

既然幸福需要以这么多并不容易得到的基本要素为基础，那么个人去努力争取，就成了获得幸福的前提。

幸福由多种可变的因素和条件构成。

幸福其实不简单。

首先，从"平安"说起，在精神意识方面，平安是幸福的前提！人们都需要有安全感，如果整天提心吊胆、焦虑不安，就谈不上有幸福感。

有权、有钱但贪婪的人大多都不缺钱，也不缺短期的快乐，他们缺的是安全感，缺的是保障自己及亲人长远幸福的理念。

俗话说："一失足成千古恨！"恨什么？恨的是从小没有培养好一种对法律的敬畏，从小没有培养好一种对自我约束的意识和能力！

然后，幸福生活需要以物质为础。

从物质方面来看，每个人都需要具备生存能力，如果连柴米油盐都捉襟见肘、连小孩读书都负担不起甚至生病了也没钱治疗，那么在这样生存环境中的人就谈不上有幸福感。

那些口口声声说"幸福与金钱没有关系"的人，可能是因为他们还没有遇到过艰难岁月，还不知道金钱对于基本生存的重要性，往往也最容易"为五斗米折腰"。俗话说的"衣食足而知荣辱"还是有一定道理的。

从健康方面来讲，很多时候健康出了问题对幸福的影响是绝对的。健康有问题，个体的幸福感自然而然就会下降。健康有先天因素，也受后天影响。要做到身体健康和心理健康并不容易，因此幸福也就不那么简单了。

每个人都是自己健康的第一责任人！自觉维护健康生活是保障高质量生活的前提，也是保障幸福快乐的前提。

从快乐方面来说，快乐是由许多快乐因子组成的。生活中的快乐因子包括健康、知足、感恩、情致、金钱、宽容、奉献精神等。这些又有几个人能够轻易拥有呢？

生存能力是多层次的，生存的基本条件是衣食住行，这一点对大多数人来说都没有问题，而恰巧说"幸福很简单"的人可能主要就在这部分人群当中，这属于低层次的满足。

金钱和物质的作用主要表现在两个方面：一方面可用于应对解决遇到的突发事件；另一方面则可用于高层次的精神生活享受，比如学习和欣赏音乐、绘画等高雅艺术，享受摄影和旅游等放松身心的活动，这些都需要花费更多金钱。

没有金钱，难言自如，难言高雅，难言"诗意地安居"，也难言"生活在别处"，更难以享受环游世界的潇洒人生。

幸福，是众多生活因素的综合与平衡。

幸福是一种对现实生活状态的感恩体验。要想过得幸福，需要努力提高自身素质和能力，提高获得幸福因子的能力。在获得较多幸福因子的前提下，不贪心、知感恩、懂进退，幸福感就会油然而生，常伴左右。

幸福需要平安、物质、健康、快乐、信念、信心、文化、教育、旅游、心态、自律、舒适圈、人生资本等基本要素来承载，而获得这些要素本身就是一个十分艰难的过程。因此，幸福其实不简单！

积极心理学之父马丁·塞利格曼教授在其著作《真实的幸福》中写道："真实的幸福源于发现自己的优势和美德，并在生活中充分发挥它们。"

　　也许，这简单的幸福就藏在我们自己已经拥有的优势与美德里。如何通过发现和发挥自身优势与美德去体验更多的幸福，值得我们学习与研究。让我们一起来理解、探寻、尝试、体会以及实践和感悟幸福！

　　人生是一场美的修行，幸福其实不简单！

幸福生活与健康

关键词：健康　幸福　生活

　　身体健康是快乐幸福的基础，心理健康是幸福快乐的源泉！每个人都是自己健康的第一责任人！

　　人在年轻的时候，身体健康、体魄强壮、积极向上，基本上不会过多地考虑身体健康的问题。

　　到了一定年纪，身上疼痛增加，便容易浮想联翩，怀疑自己身上有毛病，健康的重要性自然而然就会显现出来。

　　健康的概念五花八门，但基本上还是以世界卫生组织提出的概念为标准："健康不仅是躯体没有疾病和不虚弱，还要具备完整的生理、心理状态和良好的社会适应能力。"

　　健康概念从躯体、心理、社会适应和道德等方面提出要求，展开来可能就有十几个方面的细分要求，要全部都做到真的不容易。但是，我们必须清晰地知道这些影响因素，才能在学习中逐步完善自己。

　　首先，是躯体没有疾病。这看起来似乎非常简单，其实健康要求的条件非常多。先天的身体素质、饮食习惯、锻炼意识以及生活行为习惯等因素均共同决定了身体健康的好坏。如饮食诱惑、过度舒适、懒惰成性等，都有可能会破坏你的健康理想。身体一旦出现毛病，我们不仅要学会处理疾病，还要与疾病共存、与药物为友、与治疗方法结伴同行。

影响健康的主要因素有生活环境、家庭条件以及学习氛围等，这些因素都会增加或者减少患病的概率。日常生活中考虑比较多的是饮食和运动，其实，身体形象也会影响到人们的身心健康。

其次，是健康管理。通常我们会注意饮食的均衡，会考虑蛋白、淀粉和脂肪等营养物质的摄入，以及摄取能量的均衡。同时，也会考虑食物对生活乐趣、生活氛围以及身心愉悦的作用等。

提高身体素质需要锻炼，锻炼的内容和形式需要与年龄相匹配，这样才能做到既有效又有趣。最好还可以改善人际交往以及进行社交活动。

人的一生都需要锻炼身体，条件较好的可以把工作和锻炼分开，工作之余做一些有趣的运动，提高身体素质和生活情趣。条件许可的话也可以把工作和运动结合起来。

新的健康概念还加入了其他要素：心理健康、社会适应以及道德规范等。其实，这些要素都是互相影响、互相促进，但又不能互相替代的。通俗来讲，人的素养是各种因素的综合。

即使某个人在某一方面比较强，也并不代表这个人在其他方面也都比较强。譬如，工作努力的人不一定工作效率就高，反之亦然。

人的健康素质是受多方面因素影响并逐渐养成的。青少年成长过程中的心理健康教育非常重要。心理状态是逐渐形成的，性格、脾气是相对固化的个性。现实生活中，躯体运动的磨炼、文化内涵的培养、思想意识的萌动和转变等都会影响一个人的精神状态。

现代社会，交际能力与人的心理成长密切相关。道德是一种能量，但是，如果过于强调道德的作用，则有可能会培养出一个"老好人"。这种"老好人"有时候会被别人利用，成为被伤害的对象。同样，自私自利的心理状态也会影响一个人的交际能力。

健康越来越成为大家关注的概念。人们常说"健康第一"，无非是希望自己身体没有毛病。但是，几乎每个人都会有这样或者那样的毛病。而大多数人的身体毛病的主要是心和脑的疾病，因为这些器官疾病的损害会致残甚至致命，所以需要特别重视。

健康第一，还表现在心理方面。负性的心理，如嫉妒、愤怒、沮丧、急躁等都会影响一个人的工作和生活，影响一个人的德性，影响一个人对社会的适应能力，甚至影响一个人的成就。

人们常说健康，也常说处于环境好的地方人会更健康、更长寿，但是，留意一下人均寿命长的地区，大多是文化经济比较发达的地区，即医疗条件相对较好的地区。

这是为什么呢？因为我们讨论健康概念的时候，比较容易忽略一个非常重要的概念：突发事件处置。这是人一生中对延长寿命来说非常重要的因素。

所谓"突发事件处置"，就是当一个人发生意外时能够得到及时的救助。随着年龄增长，心脏病、脑血管疾病发作都有可能危及生命，如果提前做好应急救援预案或者运气好及时得到帮助，或者附近就有大型综合医院能及时得到救治，生命就有可能延续，使寿命更长。

如果说饮食和锻炼提高了我们的身体素质，阅读和教育提高了我们的精神素养，那么，突发事件的处理就可能是延长我们寿命的重要因素之一。

医疗救援工作做得好的地方，人均寿命基本上都会比较长。例如，北京、上海、广州等大城市。

影响健康的因素非常多，而且每个人都不一样。简单概括主要包括饮食、运动、生活方式、学习方式、工作方式以及突发事件处置等。

幸福是一个抽象的概念，因为幸福是由金钱、名誉、地位、亲情、人情、职业、健康、平安等诸多因素构成的。其中，健康是决定人生幸福的关键因素，一个人如果没有了健康，其幸福感有可能归零。

健康需要自律和持之以恒地做到、做好自我管理，调节生活节奏，提高生活质量，让自己生活得更加快乐和幸福！

积极心理与幸福生活

关键词： 积极心理　幸福生活

每年的 3 月 20 日是国际幸福日。

2012 年 6 月 28 日，第 66 届联合国大会宣布，追求幸福是人的一项基本目标，幸福和福祉是全世界人类生活中的普遍目标和期望，并通过决议将今后每年的 3 月 20 日定为国际幸福日。

顾名思义，国际幸福日就是希望人类都能够获得幸福的日子。那么关键是，你所理解的幸福是什么？

幸福，因为每个人赋予的含义不一样，而存在个人定义的差异，所以，无论是期望、实际行动还是结果都会有所不同。

作为中国人，可能会更多地以传统文化中的美德来定义自己所追求幸福的目标，或者创新自己的理想，追求新的幸福。有的人一路体验着幸福，有的人因为达到了目标而感受到了幸福。不管怎样，幸福都是自己的亲身体验。

有人问，"幸福生活是不是就是积极心理？"或者"积极心理是不是就是幸福生活？"其实，幸福生活不能完全等同于积极心理。譬如，有些人占了点小便宜便觉得自己很幸福。但是，这并不是积极心理的幸福。

积极心理是指人们在追求崇高的、美好的、有意义的事物过程中感受到的快乐，并且在其中不断体验幸福感；是挖掘自身优势，不去纠结自身缺陷和既往已经发生过的事情，追求在未来生活中发挥优势，不断成长，从而提升幸福感。

积极心理学是以科学的方法研究人类的积极心理状态，包括幸福、美德、意义、审美、创新、善良、心理健康等积极因素的心理能量。

学习积极心理学的过程其实就是追求幸福生活的过程。

有信念的生活更幸福

 关键词：幸福 信念 生活 金钱

现代人总说要过上幸福生活需要钱，其实要我说，过上幸福生活更需要信念！

信念，简单地说就是自己认为对的事情。

有一年秋天我在青海旅游的时候，在青藏高原的公路上看到了这样一幕：一对父子模样的藏民正朝着拉萨方向三步一跪地膜拜前行，他们身穿绛红色藏袍，双手套着一对小木板，膝关节前套着厚实的棉垫，每走三步就跪地趴下磕上一个长头，每次跪下前，双手举起合并，小木板都会发出"啪"的一声，这清脆的声音仿佛是在呼唤神灵的关注，又仿佛是在鼓励自己继续努力，实现心中梦想。

虽然前行之路异常艰苦，但是藏民的脸上始终保持着微笑。当我们的车停靠路边，司机竖起大拇指给他们点赞的时候，藏民的脚步也停了下来，双手合十，微笑着表示感谢。

从西宁到拉萨要走2000多公里，朝圣者们长途跋涉，风餐露宿，栉风沐雨，他们的身体每时每刻都要经受着起来、趴下、跪拜的折腾，个中滋味不言而喻，十分辛苦，尤其是在没有保障车同行的情况下。

在我们难以置信的目光中，藏民义无反顾地向着目标方向继续前行。

对于他们来说，信仰和信念是最重要的事情。

看着他们远去的身影，我也有了去一趟拉萨登高望远的想法。

人们在信念的支配下，往往心态会更加积极，意志会更加坚定，并用实际行动去完成自己定下的目标。

幸福需要衣食住行，生活需要柴米油盐，所有这些几乎都离不开钱，因此，钱也成了我们过日子的基本条件。

实际生活中，除个别大富翁可以随意花钱之外，大多数人其实都需要在赚钱和花钱之间寻找平衡，以解决生老病死带来的烦恼。

赚钱需要能力，赚到钱会让人心花怒放；花钱则需要适当，才能让人的内心在花钱之后感到快乐；赚钱与花钱之间需要有一个度，需要心理上的平衡，让心思在赚钱和花钱之间不断转换，既有赚到钱的成就感，又有享受生活的愉悦感。

钱是生活的基础，信念则是生活的动力。有信念才会更自律，有信念才会不忘初心。

一个人可以没有钱，但不可以没有动力，人生的动力来源于在生活和学习过程中形成的信念。

有信念的生活让人更有幸福感！

幸福生活的人生资本

关键词： 幸福　生活　人生资本

周末早起，我打开阳台的门，泡上一杯单枞香茶，坐在客厅中，享受着阵阵清风，慢慢品味着清华大学心理学系彭凯平老师的心理课。

我曾有幸在北京清华园听了彭凯平老师的积极心理学课。彭老师为我们讲述了人生的三种资本：经济资本、社会资本、文化资本。如果再加上其他老师讲过的心理资本，人生至少就有四种资本，当然，还包括身体资本。

人生资本在人生的不同阶段有不同的特定作用。每个人都拥有这些资本，只是拥有多少有所不同，并且所拥有的其中一些资本对其他资本的影响也各有差别。那么，如何利用自己拥有的这些资本与社会以及他人进行交往互动，使自己的人生升值呢？

这些资本与幸福又有什么关系呢？

经济资本以资产和物质的占有量为衡量指标。

社会资本以个人具备的社会关系和社会地位为衡量尺度。

　　文化资本以对一定类型和一定数量的文化资源的占有程度为衡量指标。

　　文化资本有三种形式：物品化形式，如字画；制度化形式，如受教育程度；身体化形式，如风度、气质。

　　对于这种理论我有一些个人体会，即个性化的文化资本需要长期积累，最终体现在特定的个人身上，如身材、气质，得到尊重或好评，获取一定的社会地位或财富。同时，人的个性不断转变的过程也是修行的过程。

　　中国特有的文化资本体现在如何对待他人、如何对待自己以及如何对待自然环境三个方面。具体来说，就是是否有敬畏之心。

　　我从小受到父辈们的教育，尊重他人，就是感觉别人也很重要；敬畏大自然，就是自然界的原生态很重要。因为，这些都是人与人之间以及人类与自然界之间和谐共处的基础。而其他，如仁义、道德、良知等也是中国文化资本的一些具体特质的表现。

　　心理资本的概念，源于美国弗雷德·路桑斯等撰写的《心理资本》一书，由北京大学心理学系的王垒教授等翻译。书中指出，作为人生旅途的精神营养，心理资本包含四个要素：效能、乐观、希望、坚韧。

　　研究证明，心理资本有助于提升工作态度、积极行为和绩效，并与学业、事业成功和心理健康等息息相关。心理资本是一种动态的、可以培养的积极心理力量。

　　心理资本的培养与经济资本、社会资本和文化资本等相互影响和互相促进。所谓的心理资本往往是在历练的过程中逐渐积累的。

除此之外，人生还有什么资本？身体资本是最不可缺少的要素。乐观、健康、长寿一直是世人的追求。

人的平均寿命长的地区，大多是经济发达或者医疗条件和医保政策比较好的地区。所以，要想健康长寿，首先要看你的生活方式是否健康，然后要看看你是否能获得充足的医疗资源。

无论哪种资本，其实都离不开你的努力和能力。

年轻的时候努力学习，提高自身能力；完成学业后努力工作，积累人生资本。这些资本的培养和增长，能影响人的信念和人生态度，也能逐步形成一个人的人生资本。这些人生资本反过来会促进工作、学习、生活、健康、教育等各个方面，从而在总体上提升人生的快乐和幸福度，更重要的是让人感觉到人生的意义。

努力是获得能力的前提，而能力又是获得人生资本的重要因素。因此，努力和能力都是贯穿人生收获幸福和快乐的重要因素。

积极心理学家马丁·塞利格曼在《持续的幸福》一书中指出，人生若要蓬勃，需要五种要素——积极情绪、投入、意义、人际关系、成功。这些因素与人生资本有着非常重要的关系。幸福生活的人生资本正是获得持续幸福要素的重要前提。

幸福的能力与舒适圈

关键词： 幸福　舒适圈　能力

幸福需要能力，幸福需要舒适。

幸福的能力，是指一个人对所做事情具有的支配能力以及对得到的回报的舒适程度。

舒适圈，是指一个人生活在一个熟悉的环境或者一个融洽相处的人群里，感觉在这个圈子里非常愉悦美满。

所谓幸福，其实就是在自己生活的圈子里做自己该做的以及力所能及的事情，并且得到舒适的感受。

一个人，只要不好高骛远、眼高手低、心怀忌恨、招惹是非，可能就会觉得自己挺不错、挺舒适、挺快乐、挺幸福！

一般来说，一个人能力越强、能量越大，可支配的舒适圈就越大和越多，自我感觉会越舒适。相反，一个人能力越小，能量越弱，所支配的舒适圈就可能会越小。但是，舒适圈小，感觉不一定不好，关键是要看个人感受，只要知足，一样可以自得其乐，这就是所谓的"知足常乐"。

当然，能力非常强的人可以活跃于不同的舒适圈，不亦乐乎。而大多数人基本上是在某一个自己的舒适圈里感觉良好，悠然自得。只要知足，同样也会幸福满满。

在日常生活中，无论是有钱没钱、有文化没文化，大家在自己的舒适圈里都能得到相对稳定的幸福指数。例如，你住别墅感觉快乐，我住平房感觉也挺好。在相对稳定的生活圈子里面，懂得知足快乐，就会快乐常在。

每个人都有自己的舒适圈，在不同年龄段和不同地点时会有所不同。例如，你年轻，工作上取得成就，感觉很快乐；我年老，跳舞安享晚年，感觉也很快乐；你喜欢玩，周游列国游览景点，感觉快乐；我喜欢宅在家里，买菜做饭照顾家人，也感觉快乐。只要不违法违规，做好自己认为有意义的事情，特别是做好一些对社会、对家庭和对他人都有意义的事情，基本上就可以心安理得，享受幸福！

舒适圈的产生一般与两样东西有关系，一个是能力，一个是感觉。能力可以是专业能力、生存能力或综合能力，其中，综合能力包括专业知识、生活技能、人际关系、领导才能等多个因素；而感觉，无论是纯粹的享乐感觉还是充满妒忌的感觉，不同的感觉都会提升或者降低相对的幸福指数。当然，豁达大度的心态会提高幸福指数。

舒适圈被打破最常见的原因是突发事件的发生，如天灾人祸、重大疾病等。突发事件的出现，会从时间、地点、内容等多个方面打破原来的舒适圈。所以，提高应对突发事件的能力非常重要。能快速有效地淡化已经被破坏的舒适圈，并迅速转移到其他新的舒适圈，也是一种非常重要的、能让人长久感受幸福快乐的能力。平时就注意学习一些应对突发事件的方法，对于跳出旧舒适圈、转移到新舒适圈来说非常重要。

舒适圈的建立还需要与人为善的心态，如果是用权力和金钱建立的舒适圈，一旦别人不再需要你建立的圈子了，你就有可能被抛弃。

归根到底，一个人要想过得快乐和幸福，首先要根据自己的能力，建立一系列的舒适圈。在自己相对稳定的舒适圈里做好自己力所能及的事情，好好感受和享受自己应得的舒适生活，就可以过得幸福美满。

正如古语所说：知足常乐！

幸福生活与突发事件

关键词： 幸福　突发事件　预案　处理

　　幸福，是人们一辈子都期待和追求的东西。但是，幸福似乎又有点抽象和复杂。

　　人生路很漫长，在生活中，不可避免地会遇到一些突发事件，令人害怕、恐惧和受到伤害。

　　具体来说，突发事件是指突然遇到的、对人的正常生活有破坏性作用的事情。突发事件对于幸福感的破坏难以用文字表达，只有身处其中才能体会到这类事件对生活和幸福感的破坏作用。

　　前些年，我在公共卫生部门工作，参与了一些"心理危机干预"的工作，也先后在北京大学和天津大学参加过危机处理和危机管理的培训班。通过学习，我更深刻地体会到：持续的幸福绕不过突发事件，危机出现时能够及时恰当地处理非常重要。

　　常言道："居安思危。"平时有预案，遇到突发事件时才能够积极应对，这对于人们幸福感的延续非常重要。

　　2019 年的 8 月，我每天晚上半夜三更就两侧胸痛，需要坐起来喘口气才能缓解。我所了解的医学知识告诉我，这可能是心绞痛，可能是肋间神经痛，也可能是胆汁反流导致消化道炎症引起的疼痛。

多年的心理救援经验则提醒我，要冷静分析可能的疾病，做好检查的路径，对症处理，争取最后能够治本。

经过一个多月的各项检查，终于查出是胆汁反流导致的食管炎。我请消化科专家开了消炎药，三天就止痛，两周基本上控制了症状，约半年后恢复了健康。

通过这次突发事件，我明白了一个道理：平时有预案，在突发事件出现时才能冷静迅速地采取应对措施去解决问题。

只有不断学习和提高处理突发事件的能力，才能持续保持乐观，维护好幸福感。

幸福感的维护，需要坚强的信念、乐观的精神，以及有针对性的预案。

积极心理学家马丁·塞利格曼在其著作《持续的幸福》中，将幸福 1.0 理论升级为幸福 2.0 理论。他认为，幸福由积极情绪、投入、意义、成就和人际关系五个要素组成。

按照塞利格曼先生的理论指导，我们可以运用幸福的五个要素去调节自己的心态，树立人生信念，让自己的生活过得更有意义，保持乐观情绪，平衡好人际关系，投入有信仰的事业中去，尽快摆脱突发事件的影响。

追求幸福生活贯穿着我们的一生，得到幸福需要学习、坚持、发奋、平衡、付出、知足、心安。

幸福需要我们正确面对突发事件并处理好突发事件。

人生漫长，平安是福

关键词： 平安　人生　漫长　幸福

人生漫长，平安是福！

人生有多长，难以用一个绝对固定的数值来说明，只能用一个期望值"漫长"来形容。

人的寿命长不长有点天意的味道，但是，人生平安不平安则跟我们自身的主观意识有关，跟我们自己的心态有关。知足才能够常乐！

小时候，春节贴春联，横批常常有"出入平安"。

说实话，直到读完大学我都没有真正理解这浅显易懂的四个字背后的深刻含义，只是觉得，晚上能健康回家，就是平安了。

平安，在词典中的解释就是没有事故，没有危险。

平安，包括生活上的平安，工作上的平安，身体上的平安，等等。其中，工作上的平安最容易被我们忽略，一些群体性的安全问题也容易被视而不见，置若罔闻，甚至成为一种习惯性的动作。

记得在 20 世纪 80 年代，由于我的父亲在县里的某局当局长，被委派到当地一个比较大的水库管理钢筋、水泥等物资，便经常有一些包工头拿着钱上门，希望能够分拨一些钢筋、水泥给他们建房子用，父亲都一一拒绝了。父亲常对我们说："公家的钱一分钱都不能要！"父亲这种强烈的自我约束意识，深深地影响了我们一辈子。

在很多年以前，我曾经写过一篇名为《幸福其实不简单》的文章，看来在当时我已经意识到"平安是福，平安第一"的内涵。人生如果没有平安，幸福就会归零。

在《幸福其实不简单》这篇文章写成之后，我仍然经常反复思考幸福的问题，以至于十几年的时间里，该文章被我先后修改了几十次。我最后感觉，人生还是应该把"平安"放在第一位，健康、物质、快乐都可以放在其次。当然，我们也可以把健康划归于平安。

人生漫长，要做到"平安"二字还真的不容易。在繁杂的社会环境里，要过好自己的生活，又不被他人孤立，需要"慎独"的思想、"自律"的行为、甘于"清贫"的心态以及乐观的精神，这些说到底就是需要"知足常乐"，能在自己的精神世界里独善其身！

不羡慕别人，不嫉妒别人，在喧嚣的世界里自我约束，唯有这样，才能够自我感觉良好，心安自在。

幸福的"五球"平衡术

关键词：幸福健康　工作　家庭　朋友　思想

　　人的一生，离不开五个方面的发展：健康、工作、家庭、朋友、思想。

　　一位企业总裁曾说："每个人就像一名杂技演员，同时在玩耍着五个球，即工作、健康、家庭、朋友和思想。这五个球只有一个是用橡胶做的，掉下去还会弹起来，那就是工作。另外四个呢，都是用玻璃做的，掉下去就会破碎。所以，工作要努力，家庭、健康、朋友和思想就要珍惜。"

　　人的一生，所谓"幸福"就是看你怎么把握生活的平衡，生活离不开工作、家庭、健康、朋友、思想这五个方面的平衡（"五球平衡"）。

　　工作，是最牵制我们的"橡胶球"。因为，我们的"名"和"利"都最先期望在这里得到。把这个球看重了，心理就会失去平衡，关键就看人们舍不舍得放下"功名利禄"，平衡心境，说到底就是一个舍和得的心态问题。

　　健康问题，可大可小。从大的方面来说，没有了健康，任何功名利禄都变得多余，失去了健康会令人追悔莫及，这对人的幸福来说就是最关键的要素；从小的方面来说，如果身体出了问题，让人修修补补，得过且过，稍不注意也会酿成大病。

实际上，健康包括身体健康和心理健康两个方面，我们要努力让自己的身体健康和心理健康达到平衡，才能实现真正的身心健康！

家庭，在哪里？其实，家就在我们心里！"家"就是"爱"，发自内心的爱。爱父母、爱子女、爱家人……所有这些都是需要相互的付出与回报，需要掌握平衡，共同维护，彼此怀感恩之心，做温暖之事。心里有爱，茅屋寒舍也会温暖如春。

思想，有人认为其与灵性或者灵魂密切相关。思想调节着健康、工作、朋友、家庭之间的平衡。谁先谁后？谁强谁弱？这些都影响着我们在其他方面得到的利益。

每个人的工作条件和生活环境不一样，所以，每个人的平衡方式和方法也不同。但是，不可否认，几乎每个人都要考虑并解决健康、工作、朋友、家庭这四个因素之间的平衡问题。也就是说，需要平衡好自己的心态。

关于幸福的"五球"平衡术，我们能从人本主义心理学家马斯洛先生的"五个层次需求"中找到一些理论依据。

马斯洛的需求层次理论把需求分成生理需求、安全需求、社交需求、尊重需求和自我实现需求五类，依次由较低层次达到较高层次。按照金字塔的形式把需求层次由底层到高层依次排列是：生理需求、安全需求、爱与归属需求、尊重需求（尊重需求、自尊需求）、自我实现需求。

这"五球平衡"和"五个需求"，不知您是否能从中找到它们之间的微妙关系？

平衡这"五个需求"需要以下智慧：①人活着，健康最重要；②思维清晰的人懂得平衡；③工作是生活的保障来源，但要适度；④亲人和朋友需要彼此尊重和理解，需要相互怀感恩之心。

所谓"幸福的'五球'平衡术"，其实就是要求我们常怀感恩的心，做温暖的事，用平衡的方法，过幸福的生活！

积极心理的幸福与传统的五福

关键词： 积极心理　传统　幸福　五福

春节到了，按照传统习惯，大家都会互相祝福："节日快乐！"也有人会恭喜道："五福临门！"

五福，指的是长寿、富贵、康宁、好德、善终。按照现代人的说法，这些美好的寓意会指导我们快乐生活，得到美满人生。

五福，是从古至今的一个美好愿望，不过，印象中好像没有任何一种理论体系或实操性的方法可以用来指导我们如何得到五福。民间对于追求五福有着五花八门的说法，许多时候会让人有点无所适从，各说各话，各施各法。

西方好像没有五福的说法，不过，西方人与我们一样，对幸福梦寐以求。

古希腊大哲学家伊壁鸠鲁曾说：幸福就是肉体无痛苦，灵魂无纷扰。

关于幸福，中西方许多哲学家还有很多语录，均非常精彩，在此不一一摘录。

综观古今中外，大众的幸福观更多的是对经验的总结，哲学的幸福观往往晦涩难懂，而宗教的幸福观则让人感觉高深莫测。作为受心理学影响较深的现代人，我个人更倾向于用心理学的方法来理解幸福。因为，心理学的理论依据会更接地气，而且有一定的可实操性。

在众多的心理学流派中，我比较倾向于积极心理学对幸福观的阐述。在积极心理学之父马丁·塞利格曼先生的著作《持续的幸福》中，对幸福观就有很多具有科学性的理论解读和实操性的指导方法。

马丁·塞利格曼先生有一个愿望：希望在全世界的成年人中有 51% 的人在 2051 年实现蓬勃人生（flourish life）。"实现蓬勃人生"，通俗的理解就是拥有幸福人生。

马丁·塞利格曼先生认为：一个人要想达到蓬勃人生，就必须有足够的 PERMA。PERMA 指的是人生幸福的五个元素：积极情绪（positive emotion）、全情投入（engagement）、人际关系（relationship）、意义目的（meaning）、成就未来（accomplishment）。

马丁·塞利格曼先生关于 PERMA 的论述都是基于科学研究基础之上的，是一个相对完整的理论体系，并具有一定的实操性，适合在大众中推广应用。

相对于"五福"的善终结果，积极心理学的五个幸福元素更加强调的是：过程的投入、积极情绪的参与、人际关系的重要性，以及通过成就获得的愉悦感和人生意义。

新的一年，如果能够把传统的"五福"愿望和积极心理学中的五个幸福元素结合起来，在生活中进行实践，也许我们能够更深刻地理解什么是幸福生活。

二

幸福生活的探寻

一个福与万个福

关键词： 恭王府　贪婪　幸福　五福

恭王府，顾名思义就是恭亲王的府邸。

最早，这里是著名的清朝权臣和珅的宅邸。因为乾隆皇帝要把自己的爱女十公主赐婚给和珅的儿子，所以，就有了大规模修建公主府宅邸的理由。

和珅，位高权重，却贪得无厌，一度富可敌国，最后被嘉庆皇帝没收了全部钱财和半座宅邸。

这座在当年仅次于皇宫的豪宅在咸丰元年（1851 年）又被皇帝赐予其六弟恭亲王奕訢，成为恭王府，现在则成了一个旅游景点。

游恭王府，给人印象最深的是两个字：贪和福。

"贪"，大贪，指和珅，出身满族正红旗，世袭爵位，风姿倜傥，才华横溢，少年奋发得志，仰仗乾隆皇帝的厚爱任至殿阁大学士、军机大臣、九门提督之职，可谓是位高权重，却贪得无厌，积聚了几乎半个大清帝国的财富，成为千年巨贪。乾隆皇帝驾崩后，继位的嘉庆皇帝治和珅20 宗罪，没收其全部家产，使其人财两空，一切归零。

应验了俗话说的：贪字最后得个贫。

"福"，万福，富贵吉祥之"福"。进入恭王府，映入眼帘的就是"福"字，随处可见。在恭王府，最引人注目的是康熙皇帝御笔亲书的"福"字碑。可这座福字碑最早并不是恭王府的财产，而是康熙皇帝送给其祖母的"福"字，福字令人心情愉悦，皇祖母甚喜，就让人镌刻成碑，以便经常欣赏。但福字碑最后因战乱不知所踪。直到20世纪60年代，恭王府维修时才无意中发现，原来失踪多年的福字碑就藏在恭王府，至于它是怎么来到这里的，至今成谜。

自从"福"字碑被发现之后，加上此处宅邸从园林池塘到房舍木雕都有"蝙蝠"造型的装饰，寓意福气，连恭王府内的许多庭院建筑、门楣窗棂和物品等上都加挂上了康熙御笔的"福"字，甚至连路灯的玻璃上也都印上了"福"字。因此，老百姓称这里为"万福园"。

到处都是"福"，文创商品自然也不甘落后，御笔"福"字的各类商品价格从十元到万元不等，都被抢着买。我也请了一枚"福"字镀银币，吃过一条"福"字形的大红山楂冰棒，算是沾了点福气。

康熙皇帝的御笔"福"字为什么会如此受欢迎呢？有文人墨客把康熙皇帝御笔"福"字拆解其意：多子、多才、多田、多寿、多福；更有民间传说，这"福"字寓意"长寿、安宁、富贵、好德、善终"五福。因此，被誉为天下第一"福"。

　　五福临门，谁不喜欢？估计来到这里的游客都会感觉自己满身"福"气。在如今社会，我们赋予了"五福"新的寓意，那就是希望子孙后代能够"德、智、体、劳、美"全面发展。

　　一个福是福，万个福也是福，因此，得到的"福"可能需要有个度，没有"度"的话，得到的"福"则有可能会变成"贪"和"祸"。

　　徜徉在恭王府，看着身边随处可见的一个个吉祥的"福"字，回想起历史上一些跌宕起伏的故事，说实在话，人活一辈子，根本不需要万个福，得个"五福"就心满意足了。

　　五福临门，心安自在！

心无挂碍说自在

关键词：心无挂碍　自在　开元寺

在多年以前，我去潮州市讲课，课余到牌坊街走走，顺路拜访了开元寺。

开元寺是广东省的四大名寺之一，寺内最吸引我的是一面匾额，上面写着"心无挂碍"，心有同感，于是，用手机拍摄了一张照片保存下来，慢慢理解体会。

"心无挂碍，无挂碍故，无有恐怖，远离颠倒梦想"源自佛家《心经》。要做到无忧无虑，可能需要达到无所担心的境界。

人，天生就有"担心"的天性。

婴儿出生的时候，刚出娘胎就大声哭叫，通过啼哭来表达对饥饿的"担心"。

长大以后，各种各样的需求多了，担心得不到的东西多了，担心得到又失去的东西也多了，就更容易担心和焦虑。

再年长一点，除了物质需求之外，还增加了对名誉的需求，"争"的东西多了，担心的东西就更多了，焦虑也随之而增加。

上了年纪或者身体不那么健康之后，担心死亡的心理就会出现，焦虑恐惧感也就出来了。

在生活和工作中，我也经常会碰到有各种各样"担心"的人。

在人的一生中，担心，很多时候是一种动力，让人努力学习和工作不断进步。但如果过分担心，则可能会变成一种过度的"焦虑"状态，严重的甚至变成一种心理疾病。

过度的担心焦虑，会导致潜意识的警觉性提高，安全感下降，容易过度反应，从而容易发怒，使幸福感降低，生活质量受影响。

人似乎一辈子都离不开"担心"，也就是与"焦虑"结缘。而是否"拿得起，放得下"最能反映一个人的心理素质。

我们身边的许多人，中考前焦虑，高考前焦虑，见工前焦虑，工作完不成任务焦虑，每天都可能有焦虑萦绕在心头。如何摆脱焦虑成了我们需要掌握的生活技能。

"心无挂碍"，是要告诉人们，过度的担心，会影响身心健康；担心和焦虑需要适度，最好是能把担心化为动力，通过努力，促使自己进步。

人生有"七然"：来是偶然，去是必然，尽其当然，得之坦然，失之淡然，争取安然，顺其自然。

在生活和工作中，积极心理，豁达大度，心无挂碍，可以促使我们成为无忧无虑的人。共勉！

寻找幸福生活的路径

关键词：幸福　生活　路径

愉悦，是幸福的表情！

周末，几个朋友在一起聊天，有朋友问：你们平时说的幸福有点抽象，能不能说一些日常生活中的具体事例呢？怎样获得幸福？我思考了一下，谈了一些我的看法。

幸福有点抽象，但是幸福会让人愉悦，这一点并不抽象。

幸福是一种体验，是一种感知快乐的体验，是一种让人愉悦的体验。

幸福的体验有两种：一种是细水长流般的体验，让人常常感到快乐。例如，儿女每天下班回到家里，吃上父母做的香菜热饭，感受到温暖，内心有一种愉悦的幸福体验。另一种是历经了千辛万苦之后，终于达成目标的体验，是刹那间热血沸腾、十分愉悦的体验。例如，小区的退休阿姨们平常坚持跳舞锻炼身体，在参加市区的比赛中获得了一个大奖，内心激动，顿时喜笑颜开，幸福感满满。

其实幸福每天都围绕着我们的生活，关键是我们以一种什么样的心态去体验和感受那些让人愉悦的日常。

如果一个人既有能力又有贵人相助，天时地利人和，取得的成绩会更多，愉悦的心情可能会更多，则得到的幸福感可能也会更多。

如果一个人既没有能力又没有贵人相助，就得靠自己加倍努力，只有不断提高自己经营生活的能力，才能不断提高自己获得幸福的能力。

如果一个人没有能力，但是有贵人相助，就要懂得感恩。因为，只有懂得感恩才会知足，知足才能常乐。相反，如果不懂得感恩，则可能就会自以为是，抱怨不断。

如果一个人有能力却没有所谓的贵人相助，那就先感谢父母，因为父母也是你一生的贵人；然后再感谢自己，因为自己的努力已经让生活有点成绩，这样也会得到愉悦的幸福感。

人追求幸福，其实就是追求令人不断产生愉悦感的生活方式和生活品质。当然，这种愉悦指的是有意义的生活，而不仅仅是贪图享乐的生活。

要培养一个人的幸福感，既要培养其多方面的能力，也要言传身教地培养其好的品质和品格。

只有善良、知足、懂得感恩的人，才会不断完善其人格，从而获得幸福美好的人生。

人生不简单，尽量简单过。人生不完美，最好快乐活。

　　通往幸福的路径，其实就是找到幸福生活的方向。每个人的追求可能会有所不同，但目标都一样，就是让自己感受到愉悦和快乐。

　　在周末，品上一杯茶，翻开一本书，愉悦感顿时涌上心头……

积极心理与手机摄影

关键词： 积极心理　手机　摄影

这些年，喜欢积极心理学，是我在追求幸福生活的路上寻寻觅觅得到好的结果。

喜欢上手机摄影，这是手机加上摄影功能之后的不期而遇。把积极心理学和手机摄影结合起来，我感觉生活变得越来越多姿多彩。

2002 年前后，我开始迷上《中国国家地理》这本杂志，从那时开始一直都在购买和阅读，几乎一期不漏，里面的精美照片以及丰富的地理知识让我获益匪浅，也一直想仿效"一图一文"的形式写点东西。

同一时期，某品牌手机上市，它同时具备了摄影和写作的功能；也是在同一时期，博客面世了，它又满足了我同时刊登照片和文字描述的要求。于是，用手机拍照、写作并发到博客上成了我日常生活的一部分。

博客出现不久后，又相继涌现出微博、微信、抖音等各种网络平台，随着这些自媒体的兴起，人们开始用自媒体记录生活的点滴，也有更多人依靠自媒体发展成为摄影师和文字家。我也顺势而为，成了微信、美篇等平台上的弄潮儿。

手机的拍照功能逐渐发展强大，帮助许多人成为"摄影师"。如今，手机拍摄成了我们生活中的一部分，学习手机拍摄成了一种时髦，拍出水平、拍出特色更是许多热爱旅游人士需要具备的基本技能。

作为一名心理工作者，如何运用心理学知识拍摄又成了我希望跨界组合的一门技法。同时，作为一名积极心理学的爱好者，如何结合积极心理学的理念去拍摄也成了我生活理想的一部分。

积极心理，倡导积极、阳光、正性的心理，用在摄影中则要求做到画面明亮、开阔、靓丽，让人为之一振，信心满满。

一般来说，我在拍摄照片的时候会考虑读者的感受，让读者在看了我的照片之后心态更加积极和阳光，而不会让人看了之后心情沉重，内心郁闷。

所以，在我拍摄的照片中，较少出现灰暗、阴沉、消极的画面。即使为了艺术，我也会用光明代替黑暗，用积极代替消极，用正性代替负性，说到底，就是要用积极心理和积极情绪来使照片变得明亮，使生活充满阳光。

饮茶养生与修心养性

关键词： 饮茶养生　修心　养性

茶水，乃天地之精华！

饮茶，是我认为的吸收天地精华的好方法！

饮茶，已经是我几十年的习惯了，每天都在不间断地喝水饮茶。当然，更习惯和更喜欢喝单枞茶，特别是黄枝香，单枞的清香浓郁、口感甘甜有提神醒脑的功效。

说到我对茶叶的爱好，喝得最多的是青茶。青茶包括单枞、大红袍、乌龙茶等品种，而单枞又因为产出地域、制作方法等不同分为多个品种，在众多品种对比之后感觉自己最喜欢的还是黄枝香和大红袍。

黄枝香泡的茶水我已经喝了几十年了。很早之前，我心中便有这样的想法：尿酸高了会痛风，胃酸多了会溃疡，而茶水是碱性物质，如果以饮茶来调节身体状况、减少酸性物质，那是否会有减少疾病的功能呢？

抱着这样的想法，我日常坚持饮用碱性的茶。当然，我饮用的最多的是单枞茶，偶尔也品一些其他茶，比如大红袍、龙井、铁观音、普洱等，希望身体可以更加健康。

也许是长期饮茶的缘故，再加上一直有打羽毛球和散步的习惯，我这个有些许体胖的人有几年体检的各项指标几乎都正常，真是不可思议。

茶，原字"荼"，茶圣陆羽去其中一横，始创"茶"字。如果说茶是茶树，那么荼就是茶树上的叶子，简单地说就是茶叶。

中医的诞生离不开中药，中药其实最初也是树叶和草叶。神农尝遍百草，辨识性味，慢慢就有了我们今天食用的蔬菜和中草药，其中一些树叶经过后人不断地筛选和炮制，就成了我们今天要喝的茶。

茶，源于中医中药。饮茶，不仅可以调理身体机能、调适心理素质，还可以调节人际关系和社会关系。

中药，讲究君臣佐使配伍，通过相互作用，解除疾病。以茶叶冲泡的茶水，则是"单兵作战"，一叶一水，极简配置，去腻解渴，排毒养颜，可谓大道至简。

茶，其实是极简的中药，适合养生，也适合调节生活。饮茶其实就是喝水，但跟喝白开水不同，茶叶加入白开水浸泡后便成为香气四溢的美妙茶汤。

人的五官眼耳口鼻舌是好兄弟，喜欢有福同享。喝茶品茶的舒畅感满足了味蕾和肠胃，同时眼睛看、鼻子闻、舌头尝，最后还叮叮当当地奏响音乐，让耳朵也愉悦一下，顿时令人提神醒脑、身心舒畅、神清气爽。

在生活中饮茶，满足亲朋共聚，满足醇香口感，满足茶汤品鉴，然后修心养性，修道养心，让人开心快乐，健康舒适。品茶时的情境可以让大脑释放出快乐因子——多巴胺，令人产生满足愉悦感，从而促使饮茶人也获得一些感悟，或是得到灵感，创作出美妙的诗词歌赋。

茶是一种饮品，而饮茶却是一种文化。

集天地精华于一身的茶，不仅有调节身体机能的作用，还可以陶冶一个人的性情。

饮茶，饮到最后常常让人产生舒心悦脑、酣畅淋漓的欢愉感觉，就是积极心理学所说的幸福满满、"福流"澎湃，让人全身心都感受到了幸福和快乐！

幸福需要一点点虚荣心

关键词： 幸福　虚荣心　动力

　　小时候，曾听到有老师在批评一个人的时候，会说："这个人虚荣心太重了！"言下之意是说这个人好高骛远，喜欢吹嘘。因此，在我的印象中，有虚荣心的人都是品质不怎么样的人。

　　长大以后，特别是看了几本心理学方面的书之后，我才发现虚荣心是每一个人都会有的，只是会在不同场合，多少不一样，轻重也不一样。最后我还发现，虚荣心其实也是前进路上的一点点小动力。

　　适度的虚荣心正是传说中的"心理营养品"，可以增强自信心，会让人们感到自己存在的价值。这种虚荣心也是促进人们继续前行的"心理营养品"，是活好未来的动力。

　　俗话说，"君子爱财，取之有道"。适度的虚荣心让人有追求目标和梦想，恰当的释放会转化为动力，让人积极进取。而过度的虚荣心则容易让人走上歪路，甚至走上违法犯罪之路，因此，虚荣心需要适可而止。

　　生活中，我经常接触到一些过度焦虑忧郁的人，看着他们唉声叹气的背影，我常常感慨：适度的虚荣心对他们来说也许是良药！在自己郁闷的时候，不妨拿出曾经的光荣历史"晒一晒"，可能会增加一点自信心。

　　人生都是在实干中前行的，谁不想踏踏实实干出点成绩呢？谁不想缅怀过去的成绩来让脸上长点荣光呢？关键是要有一个度。对于那些动力不足的人，适度的虚荣心会提高一个人的价值感，让其对生活充满信心。

　　虚荣心不一定被别人接受，但肯定会被自己接受，适当的肯定自己可以增加自信，让自己对未来的世界充满期待。

　　幸福需要一点点虚荣心！

美的能量是积极的能量

关键词：美　能量　积极

美，是美好、漂亮的意思。

美，有外在美，有内在美。

美，是一种能量，也是一种积极的能量。

美，可以通过五官和身体感受。

美，视觉优先，眼睛看到的美是最直接、最快捷、最享受的美。

美，有多种多样的形式，如色彩美、形状美、朦胧美、对称美等。

美的照片，可以愉悦心情，可以洗涤心灵，可以陶冶性情，还可以聚集积极的正能量。

为什么人们会喜欢看日出和日落呢？

因为，日出时，霞光万道，太阳冉冉升起，散发出万丈光辉，使人兴奋，令人陶醉，让人温暖。我曾经在内蒙古额济纳旗的居延海感受太阳出现的辉煌瞬间，令我此生难忘。

同样，日落西山，红霞漫天，把天空和大地照耀得美轮美奂，美不胜收，令人激动，让人赞美。我在老家清远市的北江河经常看到美丽的日落。

人们其他的感官和躯体也可以接收到如绕梁之音的美、香气四溢的美以及肌肤舒适的美等。

而在内在美方面，譬如在阅读的时候，人们也会体验到精神愉悦的美。

有朋友问我："你为什么喜欢把关于美的内容发到美篇和微信朋友圈呢？"

因为，分享一些美的、积极的、正能量的内容，既可以增加自己的美感，也可以和朋友们分享美丽，分享正能量。

美，有一种"积极暗示"的作用，如同用一种积极心理去影响别人的心理，能产生共鸣，产生正能量。

赠人玫瑰，手有余香！

美，既可以激发人们内在的潜能产生正能量，又可以培养积极心理，产生幸福感！

人生最大的投资是自己

关键词： 人生　投资　自己

人生最大的投资是什么？

人生最大的投资是自己！

人生不要忘了投资给自己！

有能力的人才能活得精彩，有能力的人才能肩负起家庭责任，有能力的人才能肩负起社会责任，有能力的人才能有余力去帮助别人，有能力的人才能让自己的生活过得潇洒！所以，为什么说人生最大的投资是要提高自己的能力。要提高服务社会的能力，归根到底首先是要投资好自己。

所谓"能力"，不仅指专业能力，还包括人际关系方面的能力、生活方面的能力、工作方面的能力、享受方面的能力、帮助别人的能力及维护自己身体健康的能力等。因此，人生最大的投资首先是要提高自己的能力！

只有投资好自己的健康，珍惜自己的生命，爱护自己的身心，才能健康快乐地去工作和生活！因此，人生最大的投资其实就是要投资好自己的健康！

　　只有投资好自己的人脉，才会尊重朋友，爱护老少，重视友情。当然，也需要分清小人，远离小人，和真正的朋友互相帮助，一起度过快乐的人生。因此，人生最大的投资其实就是要投资好自己的人脉。

　　只有投资好自己的志趣，才会培养好自己独特的兴趣和爱好，然后，活泼地运动，优雅地欣赏，浪漫地生活。因此，人生最大的投资其实就是要投资好自己的志趣。

　　只有投资好自己的精神世界，才会保持心理素质稳定，身心健康平衡；才会感恩父母，感恩亲朋，感恩世界，感悟快乐，愉悦生活，享受人生！因此，人生最大的投资就是要投资好自己的心态！

　　人生，其实需要面临许多问题，如健康问题、信仰问题、学业问题、工作问题、生活问题、生存问题、母子关系、未来规划等。只有投资好自己，具备了足够的能力，才能积累一定的物质财富和精神财富，让自己身体健康，精神状态良好，"诗意地安居，生活在别处"！

　　归根到底，人生最大的投资就是投资好自己！

幸福需要培养好积极情绪

关键词：幸福　积极情绪　培养

小时候，长辈们都要求我们锻炼好身体素质，但是，似乎没有要求我们锻炼好心理素质，更没有明确要求我们培养好情绪。

在长辈们的眼里，我们的心理以及情绪好像都是天生的，不需要培养，又或许他们压根儿也没有想过这些问题。而这种天生的情绪逐渐形成了我们的个性，影响到我们的一生。

情绪，很多时候让我们自己都摸不透，也控制不住，只有理性的时候才可以把控。

情绪，是主观认知体验，是对客观事物的态度以及相应的行为反应。

情绪，没有绝对的好坏之分，但是，在不同的情景下展现的情绪却会导致或好或坏的结果。

情绪有消极情绪和积极情绪，消极情绪可以提高我们的警惕性，减少危险行为；而积极情绪可以提高我们的主动性和能力。

积极情绪的状态有热情、兴趣、决心、娱乐、自豪、专注、幸福、放松、快乐、安心等。

积极情绪可以帮助我们提高心智，提高交际能力，提高心理素质和增强心理承受能力。

积极情绪可以让人心胸开阔，与人为善，视野宽广，体验快乐。

积极情绪的获得包含了"养"和"修"的问题。

所谓"养"，就是我们在养育小孩的时候，要注意往积极情绪的方向引导。培育其思维积极、意志坚定、为人乐观的性格，学会在生活中体验幸福感。

所谓"修"，就是当我们长大以后，在塑造和完善个性的时候，需要修炼自己，让自己思维乐观积极、增强处事能力、懂得享受生活、不断感受幸福。

积极心理学家芭芭拉·弗雷德里克森在其著作《积极情绪的力量》中指出：积极情绪可以让我们百折不挠，减少消极情绪，积极进取，可以收获幸福人生。

从小培养积极情绪，对于孩子的健康成长非常重要，对于孩子将来能否更多地感受到幸福快乐有非常重要的意义。

幸福需要培养好积极情绪。

乐观是一种积极的生活方式

关键词： 乐观　积极　心态　生存

乐观，是一种发自内心，溢于言表，可以令人展现笑容和激发动力的积极向上的心态。

乐观，是一种信仰，是一种思维方式，是一种积极的生存风格。

乐观是对困难的无所畏惧，是对现实生活感到知足和快乐，是对人生的珍惜热爱，是对自己的生活充满信心。

积极心理学之父马丁·塞利格曼先生在其著作《活出最乐观的自己》中，详细介绍了乐观者和悲观者的不同状态。悲观者更容易受到挫折或者产生无助感，而乐观者更容易充满活力和取得成绩。

乐观个性，体现在家庭里，可以勤勉齐家、家庭和睦、其乐融融，活出自己的价值，活出精彩人生。

乐观个性，体现在事业上，年轻人会更春风得意；而年长者则老当益壮，不但自己感觉幸福，而且可以惠及后辈。

乐观个性，体现在社会交际上，能自尊、自爱、自律，与人为善，热心助人，贡献社会，同时个人会感受到快乐幸福，为自己的出彩而倍感骄傲。

乐观个性，体现在健康上，个人会爱惜生命，积极锻炼，调节情绪，修身养性，活出适合自己的养生之道，令身心健康。

著名积极心理学家芭芭拉·弗雷德里克森在她的著作《积极情绪的力量》中写道："消极情绪让我们活到了今天，而积极情绪则让我们生活得更美好！"也就是说：乐观，可以让我们活得越来越好。

积极情绪，其实是建立在消极情绪的基础之上的。适当的悲观情绪，可以让我们在生活中保持警惕以规避风险。适当的悲观情绪，可以帮助我们提高觉悟，保持警觉且自律，但又不至于盲目自信、盲目乐观、盲目行动，始终走在安全的边界线上。

乐观是一种积极情绪，是一种生存能力，是一种生活方式，是一种积极的生活态度，更是一种高品质的生存之道。

三

幸福生活的尝试

用细节把日子过成诗

关键词： 细节 诗意 生活 日子

　　生活中，我一直以德国哲学家马丁·海德格尔的格言"诗意地栖居"作为座右铭。生活像一首诗，这是一种多么令人向往的景象！生活美学家蔡颖卿的著作《用细节把日子过成诗》是对海德格尔"诗意地栖居"的完美诠释，非常贴切地反映出我们向往的生活理念。

　　在从济南到北京飞驰的高铁上，我在不知不觉中把《用细节把日子过成诗》读完了，也更加深刻地理解了"诗意地栖居"的含义。

　　我没有暴风骤雨般的经历，也没有轰轰烈烈的人生，有的只是细腻绵长的平常生活，喜欢美食、爱好摄影、热衷旅游、勤快阅读……偶尔也喜欢摆弄一下手机，拍摄几张赏心悦目的照片，写几段风雅文字，自我欣赏，陶醉一番，再喝上几杯凤凰单枞茶，感觉颇有点陶渊明式的隐逸洒脱。我常常自叹："人生得一些精彩足矣！"

　　所谓"细节"，其实离不开思想的境界。翻开历史，凡别样的境界几乎都有着精致的生活细节。

其实，生活中一些有内涵的人大多是事业有些成就的人，所谓"做大事业，过小生活。工作有成就，生活有趣味"。如此人生，自然而然会将日子过得充满诗意！

人的精力有限，不可能面面俱到，应有所为有所不为。每个人都应有自己的奋斗目标，做自己能做和喜欢做的事情。一些适合同伴做的事情就请同伴去做，如此才能共同成长，一起进步，各自都能获得成就。

相信别人，让自己洒脱；相信自己，让别人潇洒；然后快乐自来，诗意自然常在！

凡能专心走进工作的人必是有为之人，能开心走出工作的人则是乐活之人。

生活情趣需要时间培养，人生乐趣则需要品味细节！

在工作中，过度注重细节的人，可能影响工作效率；纠结于鸡毛蒜皮的人，必然会影响长远目标。对自己要求过于完美，则浪费时间；对别人过于苛刻，则影响团结。愉悦身心才能带来快乐，宽阔胸怀才得享受幸福。

生活也同理。过日子，有时候需要有几分"难得糊涂"的心态，少点计较才能腾出时间和空间去做一些诗意浪漫的事来滋养人生。若想做到细节有度，则需要几分包容，平衡好生活中的方方面面，做到舒适惬意，无忧无虑，才能诗意地安居，把日子过成诗。

自我欣赏在生活和工作中都非常重要，把日常生活细节化、情趣化，并懂得自我满足，生活才会变得更加有滋有味。

对于海德格尔所言"诗意地栖居"，我的理解就是用细节把日子过成诗。

同样，我对生活的期待也是：用细节把日子过成诗！

用积极心理体验幸福

关键词： 积极心理　幸福　体验

我所居住的小区是一个漂亮的小区。

我们小区的漂亮主要体现在绿化上，阳光明媚时，绿树成荫，花香鸟语，空气清新，环境优美，景色漂亮，令人心旷神怡。

有朋友说，你把这个小区拍摄得好漂亮。言下之意是说，这个小区原本并没有这么漂亮，是你把它拍摄和美图成了漂亮的样子。

其实，小区美不美就像旅游景点一样，有风景才会吸引更多人去欣赏，没有风景而制造景点，就算让人眼前一亮，也不会持久地吸引人们前往品鉴。

从人的生理视觉来看，人的眼睛能够看到的像素是远远高于照相机像素的。研究表明，一个正常人的视力甚至可以高达一亿五千万像素，而如今照相机的镜头最高也不过几千万像素。因此，人们看到的美应该比照相机拍摄到的美更加清晰，更加真实，更加漂亮。

既然人们看到的景色比照相机拍摄到的清晰美丽，那么为什么我们拍摄到的照片经常比我们亲眼看到的真实景象漂亮得多呢？这就牵涉到所选择的时间、地点和内容等诸多方面的问题。

冬天里，在小区的某个角落，早上八点，阳光穿透过树木照射到草地上，绿草与光影斑驳相映生辉，煞是好看。选择这个时候拍摄这个角落的景色，拍出的相片也会非常漂亮，而过了这个时间，没有了阳光，一切归于平淡，可能怎么拍都拍不出美感来。

也就是说，在这个地方，一天二十四小时中可能就只有早上八点多的那段时间比较漂亮，其余时间可能都感觉不到有多么漂亮。这就给我们造成一种错觉：这个小旮旯很普通，不漂亮。

在阳光灿烂的时候，随着太阳的转移，小区的不同地方都有可能出现一定的漂亮时间段。因此，在散步的时候，我大概知道现在的时间点哪个地方会很漂亮，于是就刻意路过那里，随手一拍，获得美照，分享给大家。

又有朋友说，你把小区拍摄得这么漂亮，会不会是后期修图修出来的呢？其实，修图是会有痕迹的，即使修图也需要一定的构图和光影做基础，最关键的还是景色是否漂亮及是否选对时间和光线。在小区的不同地方，你看到的是二十三个小时的普通，而我看到和拍摄到的则是那不到一小时的漂亮。

时间和地点不同，会有不同的幸福体验。

同理，在日常生活中，过日子和体验美好生活是不一样的。人生中更多的是柴米油盐，以及一成不变的生活，有时候甚至充满对琐碎生活的无奈，遇到疾病时更是烦恼袭人。

人在很多时候是平淡地过日子。

体验美好生活则需要从平凡的生活中选出美好的事物去体验。例如，在恰当的时间和恰当的地方，欣赏到恰如其分的美，体验到生活的美好，感受到喜悦，享受到快乐和幸福。

起初，我总觉得自己自学了手机摄影，才会拍摄出好的照片。后来，我慢慢体会到，手机摄影只是一门技术，懂得一些光线、颜色、角度等的调节，说明需要具备一定的摄影技巧。最后，我发现，能够拍摄出好的照片还跟自己的心态有很大的关系。以积极心理，抱着欣赏美丽的心态去欣赏美景，自然而然就会拍摄出更多美景。

在平淡的生活中，如果有一颗追求美好的心，用积极的心理去发现美、体验美，享受愉悦，自然而然就能够体验到生活中的幸福。

爱笑的女人会幸福

关键词： 女人　幸福　笑

俗话说：爱笑的女人会幸福！

一直以来，我们翻天覆地地去寻找幸福，一翻苦寻才发现，原来幸福就写在自己的脸上，藏在自己的笑里，所谓"笑里藏福"！

笑是什么？笑，是一种情绪的表现，是一种愉悦的表情，是一种欢乐的呼声。

笑，与生俱来，是人的一生中最便宜的奢侈品。

笑，挂于脸，扬出声，是人生快乐的表达方式。通过笑，我们可以透视出一个人发自内心深处的幸福和快乐。

笑，是一种思维方式，是一种与人为善的交流方式。生活中，许多时候我们都会通过笑来表达善意，表示友好。

笑，可以预示着长寿。心理学家做过研究，在同一家修道院里，生活条件几乎一样的修女，那些爱笑、开朗的修女相比于情感平淡的修女寿命更长。

笑，可以预示着幸福。心理学家在研究一些大学生的毕业照片时发现，当年在照片中露出迪香式微笑①的女大学生后来都生活得相对比较幸福。

笑，是一种自信的表现，是获得幸福快乐的基本要素。

爱笑，可以在某种意义上说明一个人比较积极乐观，而积极乐观的情绪正是长久幸福的重要因素。

爱笑会让女人更幸福！

---

① 迪香式微笑是指笑容饱满，牙齿露出，面颊提高，眼睛周围有褶皱。

人像摄影与心理调节

关键词：人像　摄影　心理　调整

　　我没有系统地学习过摄影，因而更喜欢使用便捷的手机拍摄，且更多时候是利用学习过的一些心理知识弥补摄影技术的不足。

　　有朋友问我：怎样才能够拍摄好人像？

　　拍摄人像，除了摄影师的技术外，作为"人像模特"，简单来说要做到配色、取景、"分离"这三点。

　　所谓配色，就是根据情景配搭衣服颜色。不同颜色，有些"相生"，有些"相克"。例如，拍摄大海的蓝色，配穿红、黄、白等颜色的衣服就"相生"，而配穿蓝色衣服则"相克"，因为同样的蓝色让拍摄者难以分辨人和海。

　　所谓配景，就是与环境相对应的表情动作。例如，历史上有一张著名的丘吉尔瞪眼照片，这瞪大的眼睛能够把他当时的处境和心态充分表现出来，其形象魅力与历史环境相符合，更能突出人像摄影的魅力。

　　所谓"分离"，就是指模特的"心理"与摄影师的"镜头"分离，特别是指心理上的"分离"。模特只需要顺其自然地做好自己的表情和动作，不需要过多地考虑身边是否有摄影师，不需要过多地考虑镜头的存在，这样才会真情流露，使拍摄效果更加自然。

关于摄影人像的"分离"现象，我有两个例子。其一，有一个朋友因牙齿泛黄，担心被拍出来，故每次拍照都抿着嘴，拍出来的样子就像一个老婆婆一样，这是过分关注镜头的心理反应的结果。其实，放开思想，大方拍摄，自然就能拍出美照。其二，是抓拍现象，被抓拍的人一般没有思想负担，拍出来的照片效果往往会更好。例如，我在海边拍摄的一张照片：背景是大海，一位独自海钓的乐渔人，背对镜头，面朝大海，气定神闲的忘我垂钓，怡然自得。

只有把与拍摄技术相关的问题留给摄影师，自己才会减少顾忌，真情流露。

由此，我从摄影联想到了生活中的心理。

生活中，我们常常会碰到开心与不开心两类事情。开心还好，无需过多干涉；不开心，可能就需要自己去调节。

所谓调节，涉及两个技术概念："回闪"和"分离"。

回闪，就是常常想起过去已经发生的不开心的事情，比如失恋时，经常会回忆起往事，让自己伤心，所以，减少回闪是减少伤心痛苦的基础。

有一朋友，一直都过得挺开心，因忽然换了领导，感觉没有以前那么开心了，这令他感觉非常焦虑，问我该怎么办？

我建议他学习摄影人像的"分离"技术。优秀的演员都是"活"在自己的角色中，而不会"活"在导演和摄影师的镜头里，只有把真情流露出来才能拍出好片子。

同理，只要做好自己分内的工作，就没有必要过多关注身边的琐事，也不需要过多关注领导的"脸色"。

一个人如果能够像摄影一样利用好自己喜欢的兴趣爱好，与烦恼事情"分离"，可能就会让自己过得更开心。

生活中的"分离"，有身体的分离和心理的分离。身体分离，就是适当地回避对自己不利的环境。心理分离，就像心理学说的"刻意训练"一样，训练自己：你做你的事情，我做我的事情。少了交集，自然就少了烦恼。

在摄影中，我喜欢应用"分离"技术，让模特忘我且动容。在生活中，我也喜欢使用"分离"技术，让烦恼远离自己。

"分离"，是一种让自己开心的技术活。

幸福生活中的"留白"

关键词：生活　留白　艺术

"留白"，是一个艺术性概念。

为了使主题更加鲜明突出，在起稿构图的时候会给画面留出一定比例的空间，就是留白。留白用在绘画上，可以起到衬托主题的作用，让欣赏视觉更加开阔舒适，呈现美感。艺术与实际生活是相通的，留白这一概念也经常会用于摄影创作乃至生活的方方面面。

在摄影的时候，我会特别注意留白，不让景物充满画面，掌握"主题"和"空白"的恰当比例结构，让"空白"成为作品画面的一部分，令主题更加突出，使画面更加精彩夺目。

渐渐地，我悟出生活也是如此。除了"主题"目标，也需要一些"留白"空间，需要留一些"闲散"的时间和空间给自己，让自己多一些兴趣爱好，让人生充满乐趣和希望。

"留白"，不仅是绘画、摄影、生活等方面的概念，还是一个哲学概念。古语云："满招损，谦受益""过盈则溢"，说的就是生活也需要"留白"的道理。

"留白"，用在艺术上是一种创作手法，用在生活中是一门生存艺术，用在人生中则是一种超然的境界。

随着对"留白"逐步深入的认识，我慢慢地理解了"诗意地栖居"的含义，接着也理解了"生活在别处"的意义。

在新房子装修的时候，我特别考虑了在客厅里"留白"，不让家具塞满所有空间，留有相对开阔的活动区，即所谓——留有余地。经过一段时间的居住体验，我感觉当时留出的空间的确让我十分受益。

而今我已迁居多年，当初在客厅里留出来的空间不仅可以练八段锦、太极拳，还可以放一个懒人椅用于躺下休闲，真的非常舒适。由此延伸，生活中很多事情其实都需要"留白"。

在工作之余，忙里偷闲背上行囊远走他乡，放松身体，放飞自我，康复身心，养精蓄锐，可以让自己有更多的精力去继续奋斗和享受生活。

"留白"用在生活中，就是要给自己留点时间和空间，不要什么都挤满。俗话说"时间就是金钱"，其实不只说的是赚钱的事。即使你有能力赚很多钱，也要花费相应的时间和精力。如果留点时间，花点钱和精力给自己玩耍和享受，也等于赚到了"人生的钱"，而这种回忆是金钱买不到的。

工作需要"留白"，生活需要"留白"——人生需要"留白"的艺术！

瓷杯、慈悲与建阳建盏

关键词： 建盏　建阳　瓷杯　慈悲

　　老房子附近有一个花鸟鱼虫市场。我闲来无事时喜欢散步过去走走看看，一来二去，跟瓷器店的老板就相熟了，还经常一起讨论各种瓷器。

　　老板店里卖的瓷器品种比较多，有醴陵的，有景德镇的。老板认识的行内人也比较多，如果遇到出自名家徒弟比较好的瓷杯作品，老板就会推荐给我，价钱经济实惠，当然也不能用来喝水只作收藏。

　　我开始只是随意买，不知不觉就买了十多个，自觉有点奇怪：为什么我会喜欢买瓷杯呢？买那么多瓷杯干吗呢？而且这些瓷杯太容易损坏，需要细心保管。

　　终于有一天，我猛然觉悟：

　　瓷杯——慈悲啊！慈悲为怀也！

　　一位福建的朋友送了一个建盏给我，这一器物是福建南平建阳出产的黑陶瓷，于是我开始对这种新东西有所认识，并把杯子放到柜子的角落收藏起来。

　　有一次，我无意中看到网上直播现场开窑，便随意点购了几个建盏，选了一个颜色、手感、器型等各方面都比较舒适的盏用于平日喝茶，体验一下宋代文人墨客的优雅生活。在宋代，只有四品以上的官员才能使用盏饮茶，"推杯换盏"这个成语就是这么来的。我想，还是现代人好，会享受，爱茶品茶，人人皆可品味。

建盏（zhǎn）——见赚（zhuàn），福建建阳的大佬们可能不知道，粤语的盏（zǎn）和赚（zàn）是同一个音，只是音调不同，前者是第三声，后者是第四声。

建盏，见赚，有钱赚，谁能不喜欢？

广东人说话喜欢讲意头（图吉利），如做生意亏了，粤语说"舌咗"，所以这猪舌头，在粤语里不说猪舌头，而说"猪利"——大吉大利，即顺利的意思。又如苦瓜，被粤语称作"良（凉）瓜"；丝瓜（"输瓜"），又被叫作"胜瓜"……其实，都是讲究个好彩头。

自然，建阳的"建盏"（jiàn zǎn）可能粤语就叫作"见赚"（jiàn zàn）了。

虽然说赚钱需要取之有道、用之有方、得之有度、用之有节，但是，毕竟能够有赚（盏）（粤语读 zàn）才是硬道理。

建盏（见赚），赚是能力。瓷杯（慈悲），慈是仁心，悲是情怀。赚钱有方，慈悲为怀。

于是，我便也在书桌上摆上了几个建盏。

"自我边界"减少焦虑

关键词：自我边界　焦虑

朋友约我吃饭，告诉我他最近心情不好，希望我能够帮助开导几句，缓解其心情郁闷。

澳大利亚心理学家乔治·戴德写了一本书《自我边界》，书中提出要告别"糨糊逻辑"，简单地说就是要"你的事归你，我的事归我"。这种所谓的"科学地坚持自己"的观点，也许会改变你的一些想法，甚至会改变你的观念。

人活在这世上，除了自己，还要跟许多人存在着千丝万缕的关系，特别是一些牵涉到自身利益的人，更加会让人情绪波动，喜怒哀乐，爱恨情仇，不开心也在所难免了。

要减少不开心，就要知道怎样才能调节好自己的情绪，让自己的生活过得平稳而有滋有味。

人与人之间是有感情的，但这种感情不是算术题，不是计算 1 + 1 = 2 那么简单。

感情这东西有时候是一团乱麻，分不清界线，亲情、友情、爱情，一旦陷入情感纠结的话，就难以避免会失眠、焦虑，心情不好。

如果是因金钱利益导致感情一团乱麻，那么抛开了金钱利益就容易解决。如果过分关注这些身外之物，可能会让自己焦虑，甚至让自己心情不好，而影响到自己的生活质量。

自我边界清晰，就是要过好自己的生活，不贪图别人的东西，把自己的日子过得红红火火，也尽量减少别人的烦恼事情骚扰自己的生活。

感情的边界清晰了，抱怨就会少了。

乔治·载德书中提到的"自我边界"，其实就是说自己要有一个"边界"意识，为生活中的"感情"画一条边界线，知道自己该做什么，不该做什么，如果能够做到心中有数，自然焦虑就会减少。

在生活中，当自己感觉到不开心的时候，不妨拿出乔治·戴德的"自我边界"理论，分析一下事情的来龙去脉，分清楚"边界"，即"你是你，我是我"。也许你就会知道哪些事情值得关心，哪些事情不值得关注，心情可能也会变得轻松愉快些。

古语说：清官难断家务事。这主要是因为金钱利益和亲情的纠结。

有朋友问：怎样才能看清楚乱麻呢？答：如果有能力的人生活过得去，放弃了金钱利益的纠缠，所谓的感情纠结可能就不存在了，一团乱麻的现象也就不存在了。亲情回来了，烦恼自然也少了。

感情的边界清晰了，纠结就会减少，焦虑也会随之减少，幸福感就会随之提高。

换言之，"自我边界"清晰了，烦恼就会减少，焦虑也就随之减少。

寂寞有时候是一种享受

关键词: 寂寞 享受 幸福

一直不敢出名，怕出名了之后没有了自我；

一直不敢出名，怕出名了之后没有了寂寞；

一直不敢出名，怕出名了之后没有了时间思索；

一直不敢出名，怕出名了之后没有了寂寞享受！

在生活中，寂寞是一种享受！

寂寞，有时间上的寂寞；

寂寞，有空间上的寂寞；

寂寞，有思想上的寂寞；

寂寞，有名气上的寂寞。

能够忍受寂寞，其实是一种能力，是一种人生的享受。

说到时间上的寂寞，我特别喜欢周末的寂寞。因为没有亲朋好友相约，也懒得去张罗朋友相聚，所以，时间都属于自己，可以慢慢地享用，品茶、看书或者懒洋洋地躺着思考；也随心所欲，安心消遣快乐时光。

说到空间上的寂寞，我最喜欢回乡下的老家。年轻的时候精力旺盛，几乎跑遍了全国；年纪大了，有点眷念小时候的家乡。每逢周五下午，我常常独自一人开车回老家。在车上，一路聆听音乐，一路思索人生。很多时候，关于工作、生活、旅游等事情，我都是在车上独立的空间里思考成熟的。

说到思想上的寂寞，周末回到老家，我常常在酒店里躺着思考问题，许多工作上的构想、生活中的计划、旅游的内容等都是在这寂寞的休闲思索中完成的。

说到名气上的寂寞，虽然书稿已经写了几年，也用"美篇"做过样书，朋友们也觉得我的文笔和摄影不错，但是，我并没有急着去出书，急着去出名，而是反复、专心地修改文章，止于至善，希望书文能够发挥作用，帮助到别人。

随着年龄增长，我越发感觉寂寞简直是一种享受。我经常会泡上一壶茶，拿起一本书，享受独处，享受寂寞。

人生路上，寂寞有时候是一种享受！

敬畏之心是一种坚定的信念

关键词： 敬畏之心　信念　坚定

敬畏之心，其实是一种坚定的信念。

敬畏之心源于多个方面，如前辈的教育引导、名人的示范效应、自身的修炼成长等。

这种敬畏之心的形成也与个人性格有关，如追求完美、特别耐心、自律精神、坚忍不拔、止于至善。

敬畏之心与文化、道德、财富等诸多方面有一定的关系，但不是因果关系。

敬畏之心包括很多种类型，如敬畏生命、敬畏自然、敬畏技能、敬畏长辈、敬畏师长等。说到敬畏技能，中央电视台曾播放过一部纪录片《指尖上的传承》，说的就是敬畏技能的工匠精神。

纪录片《指尖上的传承》讲述的是，各种各样的手工艺匠人在如今喧嚣浮躁的现代社会环境下怎样传承先辈们留下来的手艺和技术的真实故事。

匠人们用百折不挠、克服困难的精神，抵制诱惑、处变不惊、耐心细致、精益求精、提炼升华，他们以追求完美的忘我传承精神，诠释了什么是"现代的工匠精神"。

传承的工匠源于对自己工种、手艺的认同，努力学习，反复琢磨，潜心钻研，一丝不苟，代代传承，流芳千古。归根到底，这是对自己手艺认真学习的态度，而不是浮躁敷衍地应付，或被金钱遮眼的急功近利。

一般来说，怀有敬畏之心的人对人谦和、恭敬，做事认真、刻苦，从而能够在许多方面或者在某一方面做出突出的成绩。

有敬畏之心的人能够取得成绩跟其品格有关。

与敬畏之心相反的心理则是狂妄自大、目空一切、藐视自然规律、蔑视社会道德、唯我独尊、傲慢轻蔑。

敬畏之心是源于内心对别人、对自然及对技能等的尊重。

敬畏大自然，尊重自然规律，才能够与大自然和谐共处。

德国哲学家康德曾说：我常常敬仰头顶星空和心中的道德法则。直白地说，就是要敬畏自然规律和社会的发展规律。

虽然我的工作不是传统的手工艺，而是通过思考分析判断处理事情，但我也会按照培养"工匠精神"的要求对自己的专业"敬畏、专注、精益求精"，把工作做好。

归根到底，敬畏之心就是一种坚定信念！

人生需要智慧和勇气来转场

关键词: 人生　转场　智慧　勇气

　　白哈巴村位于新疆西北部边境,是中国最靠西北的村庄,与哈萨克斯坦国遥遥相望,这里的景色非常优美。

　　由于村子在冬季来临时会有一两米厚的积雪,人和羊群都难以生存,因此牧民们选择在风雪来临之前带上家当,骑马或者驾驶汽车、摩托车驱赶着自家的羊群,和村里其他人一起,成群结队地转移到几百公里以外雪少且适合人和羊群生存的地方。人们将这样的大转移被称为"转场"。

　　届时人、车、牲畜一起上路,从山上看过去,一片鼎沸,道路蜿蜒,羊群奔涌,场面壮观,气势恢宏。因而,此地也逐渐成了一些摄影爱好者追寻的旅游景观。

　　转场也是我一直观望并准备追逐的旅游项目,也曾去新疆自驾游进行过几次探路。

　　北疆的山水是壮美的,当我们驱车奔驰在公路上的时候,宽阔的草原如波涛般蔓延至天际,白雪皑皑的群山连绵不断望不到尽头,山上的原始森林古木参天郁郁葱葱,湛蓝的喀纳斯湖在阳光下熠熠生辉,神秘而美丽,还有那万籁俱静的无垠旷野……一切都是那么充满魅力。

在从白哈巴村回布尔津县城的边界公路上，我们曾遇见过小型的转场，不过，这不是冬季大规模的转场，而是秋天放养羊群的转场。

当成百上千只绵羊成群结队地穿过公路的时候，我们车把停下，徒步登上了一块较高的地势，举起手中的照相机拍摄下那壮观的场面，直到牧人和羊群的背影远去，渐渐消失在茫茫草原的深处。

自此，我慢慢地理解了白哈巴村的村民叶利钦夫描述过的转场。

当一群牧民跨马挥鞭，驱赶着千军万马般的羊群行走在蜿蜒曲折的山路上时，那场面是多么地波澜壮阔，我只能用史诗般的震撼来形容。

与牧民们那震撼人心的转场相比，我们的平凡生活可能略显平淡。

北疆旅游回来后，我时常会想起叶利钦夫家中悬挂着的两件物品，一件是画在牛皮上的成吉思汗像，另一件是从头到尾有三米多长的狼皮。

叶利钦夫说："我们蒙古民族崇拜成吉思汗和狼，崇尚勇敢和智慧。这些正是我们转场的动力来源。"

转场，不仅因为逐草而牧、逐水而居是游牧民族的本性，更是蒙古族人的血性使然。通过年复一年的转场，可以让草原生息繁茂，让生命生生不息，让牧民的生活更加美好。

　　北疆游玩回来后很久，我脑海中回忆最多的场景就是转场。逐渐地，我也理解了游牧民族的生存理念，转场是牧民生存的保障。

　　我想，人生也需要"转场"！人生需要不断地转换时空和角色，才能够磨炼意志、完善思想、健全人格。

　　从新疆回来后，刚好单位要调我到另外一个部门工作，我二话不说就转到了新部门，并立刻展开新的工作。

　　当一个地方不适合生存或生活的时候，"转场"是一个比较好的解决困境的方法。

　　放牧转场，需要勇气；人生转场，同样需要勇气。

四

幸福生活的体会

传统文化与亲情

关键词： 传统文化　亲情　人情

世事无绝对，只有真情趣。

世界上许多事情都既具有个性又具有普遍性。

独生子女是时代的产物。当然，作为独生子女父母的我们，也成了时代的产物。

曾有家长问我："你们研究心理学的人，是怎么看待独生子女普遍自以为是这种现象的呢？有没有什么办法让他们跟家里人亲近一点呢？"

与家人亲不亲，这其实是个观念问题。

在回答问题之前，我想反问："作为父母，在孩子小的时候，有没有让其接受过传统文化教育？如清明时祭祖、中秋时团圆、春节时探亲等。"

我对各地春晚表演印象最深的莫过于潮汕的英歌舞，男孩们和女孩们在滴滴答答的敲棍声中，团结合作，集体起舞表演传统文化，这种活动自然而然就拉近了亲人和族人之间的关系。

独生子女，有现代意识，有独立意识，也可能有自以为是的特性。

有些独生子女，从小备受宠爱，养成了以自己为中心的习惯，对亲人不亲，对别人更不亲，这虽然让许多家长们接受不了，但又无可奈何。直白一点说，就是对家人不亲近，我行我素，过于自作主张。

对于独生子女的父母们来讲，一生只养育一个孩子，总是担心孩子会发生什么事，尽自己所能为孩子提供最好的条件，这容易为孩子的自私铸造温床。

小李是一名大学生，从潮汕来广州工作，特别勤快认真，深受同事欢迎。小李说，她的母亲从小就教育她要干活勤快，要爱护兄弟姐妹，也经常带她去参加村里的一些集体活动，与村里人非常熟络亲近，因此，在她参加工作后，工作努力，与同事友好相处。

一般来说，如果孩子在小时候受过优良传统文化的教育，接受了优良传统文化的熏陶，就会以传统美德去规范自己的言行举止。这样孩子自然就会与亲人比较亲近了。反之，孩子则可能会对家族没有感情，也就没有什么维护亲情的责任心。那么，孩子与家人关系疏远也是情理之中的事。

慎终思远，民德归厚。

优良传统文化是培养亲情、人情的优良土壤。

知足常乐的感悟

关键词： 知足常乐　生活　感悟

知足常乐，个人理解有两种：其一，知识储备足够了，就会长久地快乐，所以要努力学习、多看书；其二，知道满足了，就会比较容易得到快乐，所以要学会享受生活中的乐趣。

其实，这两种解释都有一定的道理。第一种解释强调知识的重要性，间接说明能力的重要性；第二种解释强调内心满足的重要性，间接说明心态的重要性。其实，能力和心态都很重要，将两者结合起来人生才会更幸福。

人生路上，其实就是一种"知足"与"不知足"的平衡！

知道不足然后努力，如努力提高生活技能和专业技术，努力提高获得丰厚报酬的能力，达到成竹在胸的境界，为人淡定，处事从容，心智成熟，生活就会更上一层楼。

知道满足然后放下，让自己有足够的时间去享受美好的生活，可以达到自娱自乐、助人为乐、知足常乐，从而天天快乐，福流满满。

人生，是一个平衡的过程，"知足"其实就是"知不足"。

"知不足"而能上进，提高能力，向新的目标努力，争取获得成功。

如果能力上"知不足"，心态上又"不知足"，就会不停地去拼搏，每天都连轴转地干活，一辈子可能都在忙碌中度过，连享受生活的时间都没有。

没有能力的人说知足而不努力，是懒；

有能力的人不知足也不享受，是傻；

没有能力的人不知足并怨别人，是愚；

有能力的人懂知足也会享受，是智！

身忙不足惧，懂得内在缘由，是有度；

心静可进退，有能力无杂事，是知足。

人生路上，能力很重要，因为能力可以解决工作问题和生活问题。因工作问题得到解决而无忧，生活问题得到解决而无虑，无忧无虑的生活自然而然就会快乐而有趣。

当然，一个人有多少忧虑还要看运气。运气好，麻烦事少，烦恼也少。

剩下的就是心态问题，心态好，容易满足，自然心满意足。

还有，你是否发现：有能力、运气好的人通常都懂得满足，知足常乐！

是故，身心健康有度，生活快乐有趣，工作生活两不误。

　　有能力、运气好、知满足的人容易获得幸福快乐。所以说：知足常乐！

随遇而安的生活

关键词：随遇而安　生活　快乐

随遇而安，是一种生活态度，要做到，不容易；随遇而安，还是一种思想境界，要达到，也不容易；随遇而安，更是一种思维方式，要做到，非常困难。

随遇而安，对于大多数追求完美的人来说，只是一句自我安慰、自我表扬、自我满足的口头禅。

随遇而安，其实是一种能力！

人要达到随遇而安的境界，必须在思维方式、行动方法、思维内容等方面不断去磨炼才能做到随时随地地自我调节，才可以不与自己心意相悖地做人和做事。

随遇而安，其实是一种信仰！

随遇而安需要像庄子那样，能够接受悲欢离合，克服艰难险阻，虽然身陷困境和命运多舛，但不以物喜，不以己悲，顺其自然的生活。

随遇而安的人，心境不会因外界的干扰而变化，心情也不会因别人的闲言而波动，无论遇到什么事情，总是心平气和，心如止水。

随遇而安，其实是一种心态！

随遇而安的人做好人、做好事，不会过分要求回报，少欲少求，不计较名利，物我两忘，生活中遇到不顺心的事情不抱怨或者少抱怨，总是能够淡然处之。

随遇而安，是一种生活方式！

随遇而安，简单地说就是需要有一个积极乐观的态度。

随遇而安隐藏了一个道理：大道胜小术！有正气，有能量，有能力，有定力，面对生活事件能从容不迫地解决问题，生活才能安稳平顺。

随遇而安的人，通常是只注重结果而不会过分计较过程和细节的人；一般是只求心安理得做事而不会过于追求完美的人；是心存善念助人为乐而不会过分寻求回报的人。

随遇而安，是一种为人处世的良好心态！人的前半生需要努力提高能力，后半生则更需要懂得知足常乐。

随遇而安，简短的四个字却包含了许多大道理，要做到真的不容易。

有能力而知足，随遇就可以心安！

难得糊涂的境界

关键词：难得糊涂　境界

聪明难，糊涂难，由聪明转入糊涂更难。放一着，退一步，当下心安，非图后来福报也。

闲来无事，我和朋友品茶聊天，讨论"难得糊涂"是真糊涂还是假糊涂？

糊涂按《现代汉语词典》的解释，是指不明事理；对事物的认识模糊或混乱。

糊涂有对别人的，也有对自己的。如果对自己、对别人都糊涂，那是真糊涂。

"难得糊涂"看似说的是糊涂，实则说的是大智若愚，大巧若拙。聪明的人不糊涂却装"糊涂"来处事，这是一种境界。

此处所谓聪明的人首先是要有能力，其次是要有审时度势处理问题的心境，做事情该聪明处理就聪明处理，该糊涂处理就糊涂处理。

聪明的人有处世的实力，有宽广的胸怀，容人容己，对于一些无伤大雅的事情可能会"难得糊涂"地处理。

没有能力的人整天嚷嚷着"难得糊涂",实乃真糊涂。

一个人有一定的能力,有容人的胸怀,有审时度势的眼光,有对小事的"糊涂",有对大事聪明的果敢,这才叫作:难得糊涂!

因此,难得糊涂有时候是一种境界。

人生垭口的感想

关键词： 人生　垭口　高峰　选择

攀登高山，常常会遇到垭口。

垭口是指山与山之间相连接而又位置相对较低的地方，人们登山或者停留时，通常会选择垭口作为观察点或者宿营地。

西藏林芝的索松村，三面环山，一面临悬崖峭壁的峡谷，峡谷下面就是蜿蜒曲折的雅鲁藏布江，村子在一个垭口的平台上，可以观看到南迦巴瓦峰的日照金山。早上，为了看日出，游客们早早地坐在了阳台上。

站在垭口，身处低谷，仰望山峰，你会看到高山的宏伟和俊美，还可以看到日月星云形成的种种壮观景象。

人生旅途，是一个不断地实现目标和不断攀登新高峰的过程！

站在垭口，风光无限，能够走到人生垭口欣赏美丽的人都是幸运的人。

垭口面对的高山很壮观，正如人生的理想令人心驰神往。

　　如果说攀登高峰彰显的是你的能力，那么走出垭口显示的就是你的决心！

　　当人生到达某一个地方，拐个弯，又是一片新天地；当人生修炼到一定阶段，归于零，又是一个新世界！

　　垭口，是人生到达一定高度时的一个观景台，就像站在岔路口处，要重新选择方向。但无论走向哪个方向，都会有一定的舍弃和收获。

　　勇敢的人，在思想上会把得失归零，放下负担，卸下包袱，认准方向，重整旗鼓，制定新的目标，继续前行。

　　工作中，有时需要放下原先熟悉的专业或者工作方式，进入到一个全新的领域，从头学起。虽然熟悉的技能犹在，但是，只有重新开始，潜心学习，将新旧知识融会贯通，才能在新的领域争取新的进步！

　　人的一生可能会不断遇到垭口，站在垭口需要勇敢面对，只有这样，人生才会风光无限！

情绪与生活感言

关键词：情绪　调节　生活

　　情绪，是指人在一定时期内，由于受到外界刺激或内在体验而引起的一种心理状态。源于内心，受控于大脑，表现在脸上。情绪能表达感情，展示个性；与人相伴一生，如影随形。

　　情绪，受大脑控制，但有时候好像又不太受大脑控制，处于一种可控又不可控的状态，左右我们的生活和工作，使得我们似乎在聪明与愚钝之间不断转换。

　　情绪，与生俱来，没有好坏之分。情绪波动，既可展示人的喜怒哀乐，也可展示人的烦忧惊恐，变化无常。情绪有时候可以随意表达，适时展示，表达自我，是为"个性"。

　　情绪，适当放纵，无拘无束，可以展示自我，演绎个性；情绪，适度调适，冷静果断，则可以应对危机，展示能力。

　　情绪，有时候也会自由散漫，放荡不羁，让人把控不住，无所适从。此时，人则需要管理情绪，适度调节。

情绪最终要为生活服务。情绪在很多时候也是一种力量！

多愁善感，容易破坏好心情，造成情绪波动，影响生活质量。过于在意自己的情绪，或者压抑情绪，会错失享受生活的体验；而过于在意别人的情绪，则会让自己的情绪难以保持稳定，难以在恬静中感受快乐。

情绪失控的时候，会让人急躁、武断，容易做错事情；冷静的时候，则可以审时度势，睿智判断，正确决策。

人在兴奋时，情绪高涨，做任何事情都会觉得亢奋。反之，人在低落时，消极的思维会带来消极的情绪以及消极的行为，做任何事情都提不起精神。

积极的思维带来积极的情绪，积极的思维也会带来积极的行为。一个人能够在关键时刻驾驭情绪，为能力服务，为我们的生活和工作服务，是为"理性"。

平安、平稳，是生活美好的根本！

正所谓：心累比身体累还要累。相反，如果心情好了，身体也就不觉得那么累了。恰当的情绪可以让你冷静地处理好事情，帮助你收获美好人生，享受幸福生活。

没有情绪，难以体验生活的乐趣；没有智慧，难以享受生活的情趣！

愉悦是幸福的表情

关键词： 愉悦　幸福　表情

喜悦是人的表情，愉悦是幸福的表情。

小学的时候，曾听老师说：愉悦是内心满足，脸上洋溢着幸福！

朋友曾问：幸福是什么？幸福在哪里？

对于幸福的定义，一千个人可能有一千种解读。因为，影响幸福的因素很多，许多时候我们也搞不清楚到底幸福受多少种因素影响。

幸福，是一个抽象的概念。影响幸福的因素有平安、健康、金钱、名誉、地位、亲情、人情、职业等。

幸福对应愉悦的表情。愉悦是一种发自内心的满足并洋溢到脸上的开心快乐。

愉悦，又受什么因素影响呢？

人的大脑有成千上万种神经递质，目前我们所知道的，能够激发愉悦的神经递质有多巴胺、内啡肽、血清素等。

多巴胺，可以直接引起愉悦。例如，吃雪糕时，甜甜的滋味会使人多巴胺分泌增多，愉悦感增加。这种直接愉悦感增加的多巴胺特别容易让人上瘾。

内啡肽，是人们在辛苦劳作之后分泌出来的一种能产生愉悦感的神经递质。例如，农民在秋天收割稻谷后，产生一种喜悦，这种引起幸福愉悦感增加的神经递质就叫内啡肽。这是一种能体会先苦后甜的幸福感的神经递质。

血清素，跟人的情感有关。例如，一对青年男女拥抱在一起，血清素就会骤然增加，愉悦的幸福感便油然而生。

引起愉悦的神经递质还有很多，在此不一一叙述。实际上，人大脑里的神经递质间相互作用比我们想象的要复杂，很多内容我们至今也没有弄明白。

有人说："宁要内啡肽，不要多巴胺。"既然多巴胺和内啡肽都可以让我们产生愉悦的感觉，为什么只要一个而不要另外一个呢？因为，好东西当然人人都想要，但是需要有个度，而且必须把握好这个度。

有时候会疑问：懂得"吃得苦中苦，方为人上人"的人，是不是天生就比其他人分泌更多的内啡肽？

了解了各种能增加快乐的神经递质，并有意识地增加一些快乐的神经递质，以增强自己的愉悦感，是不是就可以提高幸福感呢？

生活不易，且行且珍惜。生活中还有一些突发事件影响着幸福，如果适当增加一些让人愉悦的神经递质，那么我们的生活可能会更加幸福。

积极心理潜梦的力量

关键词：积极心理　积极档案　潜梦　力量

梦，有好梦，也有不好的梦。

梦想，会影响人的一生。

梦想，如果成为人生的标杆，明确方向，增加动力，提高能力，知行合一，使自己喜爱的东西和生活目标相结合，也许梦想会有实现的一天。

大约20年前，我到杭州旅游，住在西湖边上的一家饭店。饭店古色古香的楼房门前有一大片草地，再往外就是偌大的西湖，这怡人的景色深深地吸引了我，我梦想着将来能住在这样的环境里，但我知道首先需要努力工作。

约10年前，我曾走进一座王宫，蓝天白云下，树木丛中，被修剪得浑圆的大大小小的绿色树球吸引着我，当时我心里就想，将来有没有机会住到像这样的环境中呢？

若干年前，我和朋友一行人自驾到新疆北部喀纳斯。约凌晨四点多时，看着湖畔旁边的月亮湾水光熠熠，湛蓝耀眼，我心里想：如果能把这种意境搬回家里，该多么美好啊！

多年以前，我去扬州参观过一个园子，里面有一楼阁，楼阁牌匾上书"壶天自春"，意思是说：园子虽小，自有春天。后来，在我自己买房子的时候，就特别希望能找到一个"壶天自春"的地方。

积极心理学中有一个概念叫作"积极档案"，就是把既往好的事情整理、分类并保存下来，当然，也有一些资料保存在大脑里，形成积极的潜梦。积极心理能把所见所闻中好的东西转化成为心中梦想，并在往后的日子里，将这种潜意识的期望或者理想作为生活指引的方向，激发潜能，提高能力，使梦想成为现实。

努力提高自身能力，帮助我把 20 年前的梦想，变成了 20 年后的寻常生活！

住到新房子这几年，我拍摄了不少漂亮照片。对照既往的照片，才发现，现在住的地方正是这些年来我梦寐以求的地方！

原来，积极心理的潜梦一直指引着我走向理想！

忙、闲、钱与幸福生活

关键词： 忙 闲 钱 幸福

忙与闲是一种相对的生活状态。

"忙"是因为我们需要工作赚钱，"闲"是因为我们需要休息。有钱的人不一定有福，有福的人也不一定会觉得自己缺钱。换句话说：有"闲心"享受生活的人一般都会感觉自己很"幸福"！

忙与闲，是相对的。如果把安心地睡觉和闲心地阅读以及醉心地饮茶也算作闲，那么任何人都可以忙里偷闲地过日子。

人活着需要忙与闲结合，这样才会有"诗意地安居"的惬意，才会有"生活在别处"的心态。

如果有自我控制、自我调节、自我感受以及享受闲情逸致的能力，就可以达到一种快意人生的境界！

懂得"忙"和"闲"结合的人，是精神上富有的人，是心态豁达的人，是善于享受幸福的人！

女人三彩：色彩、光彩、风采

关键词： 女人　三彩　色彩　光彩　风采

女人的一生不但需要与家人相处，而且需要与闺蜜相伴。

女为悦己者容！女性都会关注自己的形象。从头到脚，从发型到鞋子，从衣服到首饰，从口红色号到指甲图案等，女人都难免会关注同性的衣着打扮。

在生活中，女性大概可以简单分为两类：一类女性，以家庭为第一位，过分关注家庭成员，忽略与家人外的其他人的交往……这容易导致心理自卑，内心色彩单调，容易孤僻忧虑。

另一类女性，注重与朋友的交往，与朋友们彼此欣赏，互相陪伴，站在一起犹如一道亮丽的风景线，自然就神采飞扬，光彩照人。

女人穿着有色彩，其实是一种自信的表现，这不仅能带来脸上的笑容，更能带来精神上的自信。

一个脸上有光彩，衣服有色彩的女性，可能会是一个思想有灵性的人。飘动的裙摆，精致的妆容，自信的步伐，自然会展现别样的风采！

岁月可以让女人成熟，但是，夺不走女人身上的色彩；岁月可以让女人衰老，但是，夺不走女人脸上的光彩。如果一个女人衣着有色彩，脸上有光彩，走路有风采，那么她很可能是一个幸福的人。

五

养儿育女的感慨

希望感与孩子成长

关键词： 希望感　孩子　成长

每个孩子的成长，都寄托了家长的许多期盼。

希望感，是孩子们成长过程中的标杆。

通常，家长会被分成两种类型：散养型和希望型。

希望，是我们日常生活中的愿望。把愿望作为目标，心理学称之为"希望感（hope）"。

著名心理学家查尔斯·斯奈德认为：希望感包括"意志"和"策略"两个方面。一个有希望感的人不但要有意志实现目标，还要有策略和方法来实现目标。

有愿望才有希望感。但是，我们每年、每月、每周、每天都有很多愿望，而真正有计划、有目标、有策略、有行动的"希望感"却很少。俗话说："心有多大，舞台就有多大。"其实，准确的说法可能是："希望感"有多大，舞台可能就会有多大。因为心动不如行动！

我国明代著名哲学家王阳明提出：知行合一。就是说，理论要联系实际。这里说的"知"，我理解不是高深的"真理"，而是简单的道理，或者是你个人的"信念"。

因此，我们首先要提出自己的信念，提出自己的愿望，把愿望变成"希望感"，然后坚定意志和目标，落实策略和行动，最后才会有可能获得成功。这便是"知行合一"。

教育子女，是父母一辈子的实践活动。

但理想很丰满，现实很骨感！

在每天的柴米油盐中养育孩子，会遇到很多意想不到的困难。虽然如此，养育孩子，仍需要有希望感，需要给出策略和方法，并持续落实到行动中。

养育孩子的希望感主要有两个方面：一是培养其优秀品格和能力，二是修正其个性缺陷。无论哪一方面，都需要循序渐进，耐心施教。

养育孩子，是慢工细活，需要有热心、耐心、细心、关心，还要"有心"，且具备一定心理学知识。总之，养育孩子不同于生产物品。因为孩子是独立的不断成长的个体，具有可塑性，需要与时俱进，顺势而为，情感相随，灵活相处。关键是身体要成长，心理要成熟。

培养"心理娃"，需要怎么做呢？首先，家长需要进行岗前自我培训，学习一些心理知识，制定有"希望感"的目标和策略：

（1）"情商娃"。很多时候，情商与智商同等重要。天资聪颖说明这个娃有智力优势，但情商主要靠后天培养的，需要长时间的学习、培养和家长的言传身教。在这一点上，作为引路人的家长就显得非常重要。

首先，情商娃需要培养积极情绪。积极情绪离不开积极的思维训练，发现、培养、交流积极情绪是家长需要具备的基本常识。积极情绪的孩子，一般都思路灵活开阔，行为选择丰富，行动欲望强烈。

心理学研究表明：人类大多数创造性的工作都是在快乐、积极的情境下完成的。幸福教育不是简单的技能教育和知识教育，而是要培养孩子发自内心的学习动力，培养孩子的自驱力。

其次，情商娃需要培养同理心。能体会别人的心情，才能泰然自若，微笑以待。

（2）"福流娃"。就是培养能够体验身心快乐的孩子。孩子能够沉浸在积极的事物中而物我两忘。

（3）"利他娃"。利他，是心理学的一个基本规律，可以让自己身心愉悦。俗话说：助人为乐！其实也是助人乐己，何乐而不为呢？利他教育是家长必备的基本常识和素养。

（4）"乐观娃"。家长培养孩子相信明天会更好！相信未来，相信我们的国家，相信可以信赖的人，而不是无论大事小事都怀疑抱怨。经常抱怨的家长有可能会培养出一个"抱怨娃"。监护人乐观与否不仅是自己的问题，也会影响其孩子的心态和处世态度。

（5）"美德娃"。所谓美德，和积极观是密切相关的，美德往往受到人们所认同的价值观的指引和影响。这些价值观是建立在人心、人情、人性和人欲的基础上。美德是中西方一些价值观普遍认可的。例如：勇气、仁慈、爱心、谦虚、宽恕、责任心等。

（6）"人情娃"。通达人情世故，人际关系良好，有助于人的健康长寿，也是自身获得发展机会的基础。

（7）"生活娃"。培养孩子广泛的兴趣爱好，如体育运动、唱歌、欣赏音乐、绘画等。总之，就是做一个懂得享受生活和分享美好生活的人。

当然，如果家长只有希望感，但对孩子的教育方法不当，也不大可能培养出优秀的孩子。

培养孩子，让孩子面面俱到并不容易，但是，如果我们树立了培养方向并以身作则，就可以跟孩子一起成长。这样带出来的孩子虽然可能跟设想的有差距，但是预估整体素质会比一般的孩子要高。

养育孩子乃人之常情，需要有希望感、有方向性、有计划、有实际行动。我想，经过情商、"福流"、利他、乐观、人际关系等方面希望感培养的孩子，与那些"放任散养"的孩子相比，在心理素质和生活状态方面一定会更好！

培养孩子是家长一辈子都需要付出爱心的一项工程。

读书与贵气

关键词：读书　贵气　买书

读书又称阅读，我理解为"悦读"，即愉悦地读！

有人认为："书"的谐音即"输"，所以最好少买一点书（输）。但是，我对于买书却乐此不疲。

我认为自己算是一个读书人，从小喜欢买书、读书，直到现在，每个月仍然买一些书，日积月累，竟成了一个藏书人。

我这一辈子可能与书有缘。小时候，我喜欢看《十万个为什么》，前几年又买了一套第六版的放在身边。大学毕业后，我住在北京路（广州），这里是商业旺地，晚饭后散步时，常常有意无意地走进几家书店，顺手买上几本书带回家。

后来，我搬离北京路，凑巧，我工作的单位旁边开了一家书店，这家书店也成了我中午散步的一个休息点。虽然在书店购买的价格比网购略贵一点，但是，我还是会进书店买一些书。

多年来，我坚持买书的习惯源于一个理念：读书会增加一些"贵气"！当然，这里说的贵气，并不仅是"贵族"之气质，更多的是指大气、愉悦之气！

读书可以"养气"，甚至养一些"霸气"！这"霸气"，指的是能力，不仅包括专业能力和社会交往能力，还包括综合能力。

读书可以"修心"，修一颗闲散之心。古人喜欢将书斋窗临荷塘，观鱼、品茶、吟诗、作画，自然而然会静、雅、思，成为一个闲适之人，一个会生活、有趣味的雅人！

读书还可以"养性"！这里的"性"指的是性情，直白一点说就是情绪，许多时候情绪稳定是我们做事情取得成功的关键。艺高人胆大的人，就是指有能力且情绪稳定的人，其获得成功的机会也比较大。

读书，既可以提高能力，又可以调节情绪，自然而然地也会提高一个人处事成功的概率。

"悦读"，可以养气，养贵气、养霸气，可以修心养性，从而使人心想事成。既然如此，何乐而不为呢？

阳光心态的养成

关键词：阳光　心态　思维方式

阳光心态，是一种思维方式！是一种思想境界！

要拥有阳光心态需要一定的生活历练才能达到。如果没有一定的理论指导，没有足够的生活阅历，是不可能达到这种境界的。

阳光心态，是指一个人的思维方式是积极的、明亮的、正性的、正能量的，具体表现在其思维形式、思维内容、思维方法等方面都是积极乐观的。

阳光心态的思维方式，其实就是想问题的方式之一。例如，成语"塞翁失马"，当塞翁的马跑失之后，村里人都给予同情和安慰，塞翁却说："焉知非福"。过了不久，塞翁跑失的马带了几匹野马回来，于是，村里人前来庆贺塞翁多得了几匹马。塞翁却说："是祸是福？"没过多久，塞翁的儿子试骑野马，被野马摔下地，造成大腿骨折，这时，刚好打仗需要征兵，村里的其他年轻人都被招去当兵了，过了一年，还传来了有当兵的牺牲的消息，塞翁的儿子却因祸得福，留住了性命。所以说：塞翁失马，焉知非福？

对待同一件事，塞翁与村里人的思维方式就不一样。塞翁始终保持不以物喜、不以己悲的生活态度。

阳光心态也需要积极的内容滋养而逐渐形成。一个人想的东西积极、正向，情绪自然也会乐观积极；相反，一个人想的东西灰暗、负向，情绪自然就会悲观消极。思考的内容是否积极，既受先天因素影响，也受后天训练影响。例如，有些人容易想到负面东西，然后不停地抱怨，俗话说的"抱怨帝"就是这类人；而有些人容易想到正面东西，始终保持阳光态度，甚至感染别人，俗话说的"开心果"就是这类人。谁愿意做"抱怨帝"呢？相信大多数人都不愿意。

人是情感动物，很多时候，会带着感情去思考问题，而不是先用理性思维去理智思考问题。如一些人甚至用过激的方式来证明自己的行为是对的，太过感性。

要养成阳光心态，经常思考正向的东西，要形成更多的积极内容，这需要一定的自我训练。无论你是"抱怨帝"还是"开心果"，都需要在平时，特别是受挫折时，反复提醒自己：多想一些好东西、好事情，这样就能潜移默化地形成正面、积极的思维方式，即使遇到困境，也会很快恢复好心情。

阳光心态的形成，除了需要有积极的思维方式和思维内容之外，积极的思维方法也很重要。

一个人，如果懂得很多人生哲理，无论这些哲理是从长辈那里学习的，还是从国学经典里面学成的，或是从国外哲学经典里面学到的，对于积极面对生活中的琐事、难事都会有很大的帮助。

一个人，如果兴趣爱好广泛，就比较容易淡化甚至转移负面情绪，就容易将负面情绪转为正面情绪。当然，如果一个人能力强，艺高人胆大，做事情游刃有余，心态可能就会更加积极乐观向上。

生活不可能一帆风顺，总会有一些磨难，这些不顺对于我们反思人生也有一些裨益，只不过，这种反思需要理性，需要回到现实，回到阳光下，回到幸福的生活。

孩子优势教养的作用

关键词： 优势教养　孩子

　　教育孩子是每一位家长都会遇到的问题，澳大利亚心理学家莉·沃特斯（Lea Waters）写过一本书《优势教养》，书中对优势教养的定义是：在教育孩子的过程中，打开我们意识中的"优势开关"，不仅是要给孩子修补缺点、矫正缺点，而且是要认识到，每个孩子都有自己的优势。

　　发挥优势比修补缺点更重要！

　　有不少父母甚至数不出自己孩子的 5 个优点。父母如果了解自己孩子的优点，发挥孩子的优势，就可以更好地培养孩子。

　　怎样才能发现孩子的优势呢？观察小孩做得特别好的方面，发现孩子自己愿意做的并且做得很开心的事情，这些都有可能就潜藏着孩子的优势。

　　怎样发挥孩子的优势呢？可能需要采用"成长性思维"的方式，以发展的眼光分析问题、解决问题。身教大于言传，鼓励孩子学习别人的优点。为孩子提供"脚手架"，提供支持，讲解过程，解释做法，并在适当的时候放手让孩子独立完成。还可以为孩子提供方法和环境，给予反馈，特别是需要改进之处，鼓励孩子进行实践，直到取得进步。

在培养孩子心理成长的过程中，需要注意发挥孩子的品格优势，让孩子学会宽容和感恩，学会知足而不强求完美，学会正面沟通和学习别人的品格优势等。

画家丰子恺有一个精妙的比喻："圆满的人格就像一个鼎，真、善、美好比鼎的三足。对于一个人而言，美是皮肉，善是经脉，真是骨骼，这三者共同撑起了一个大写的人"。

人的一生，尤其是在孩子的心理成长过程中，从幼稚到成熟，特别需要人生教练，也特别需要优势教养。

人生如江河，是一个流淌的过程，在这个过程中，每一个人都在学习、实践并不断进步。作为父母，同样需要学习进步，需要在不断学习和实践中提高自身能力和教养能力，而不是原地踏步。作为父母，需要在提高自己综合能力的基础上，不断提升自己的育儿能力，与孩子共同成长，从而带动子女在生活、学习和工作的过程中不断进步。

也说儿孙自有儿孙福

关键词： 儿孙　幸福

在某个视频号上，我看见有位老人说：不相信儿孙自有儿孙福，为儿孙，为父母，三代人总有一代人要奋斗。感慨之余，在此也说说我的看法。

儿孙自有儿孙福，说的是儿孙，实质反映的是父母的心态。

我认为，如果我们赞同"儿孙自有儿孙福"，说明我们对孩子的教育是基本成功的。相反，如果我们否定这句话，则说明我们对孩子既往的教育持否定态度，或者是对孩子既往教育的结果没有信心。

孩子的教育问题是一件复杂的事情，是受多种因素影响的结果，是一个系统工程。为了简化说明，我们选择"家长教育"这一因素来详细阐述。

除了孩子自身的先天因素外，家长的观念是影响孩子成长的重要因素。可以说，家长的"三观"直接影响孩子的"三观"。

我们一贯提倡德智体美劳全面发展，其实是有道理的。德就是做人的品格，包括道德观念、奉献精神、自觉自律、人际社交、感恩和幽默等；智是智能，包括知识和技能的学习，还有对突发事件的应对处理能力等；体是体育，就是要身体健康和心理健康；美是指心灵美，懂得美并向往美，爱美的人才会热爱生活、拥抱生命；劳就是劳动的能力，劳动创造价值，劳动最光荣。

青少年德智体美劳全面发展，成长为一个人格完善的人，估计将来生活的幸福程度也会随之大大提升。相反，若有才无德，德不配位，即使物质水平不错，生活的幸福指数也不一定高。

当下的家长们比较注重竞争，比较重视智能开发，对品格的教育则相对薄弱一些。其实，在一个人的成长过程中，德智体美劳需要均衡发展。

父母对孩子的教育是一辈子的事情，也是父母与孩子共同成长的一个过程，需要思维碰撞，情感交流，行动上互相支持。就像马拉松长跑一样，跑步过程中需要信心和耐心，父母与孩子相辅相成，共同进步，共同快乐。

所谓"儿孙自有儿孙福"，是对自己教育出来的孩子充满信心。如果他们身心健康，工作上进，生活规律，遵纪守法，那么作为父母还有什么值得担心紧张的呢？只需要沟通好感情，适当帮助，感受快乐，体验幸福。如果父母过多干涉孩子的成长，则可能会使孩子缺乏主见。试想，如果孩子时时事事都需要家长扶助，又怎能担负起家庭和社会的责任呢？

养育孩子是一个漫长的过程。孩子的成长过程中难免会出现一些问题，此时，需要家长耐心且有信心的基础上进行引导，让孩子回到正常的生活轨道。但是，毕竟犯错是每个孩子成长过程中都会经历的事情，这并不影响我们对儿孙的期盼和信心。

这些年，有一句话影响了不少家长："不要让孩子输在起跑线上"。其实，孩子的成长和进步都是有规律的，学习知识和技能需要循序渐进，而身体锻炼则贵在坚持，就像稻谷的生长，拔苗助长并不能真正助其生长。我认为，"不要输在起跑线上"强调的应是孩子成长过程中优良品格的形成，即孩子的品格教育不要输在起跑线上。

肯定"儿孙自有儿孙福"，是我们心态良好的一种重要表现。

陪伴是为人父母的基本责任

关键词: 陪伴　素质　父母

陪伴，是父母对儿女一辈子最神圣的职责。

为人父母，这一辈子要陪伴儿女快乐，陪伴儿女成长，陪伴儿女度过艰难困苦。

来日方长，细水长流，感情在陪伴中不断加深，孩子在陪伴中不断成熟和成长。

父母是儿女的终身导师!

陪伴，对孩子不离不弃，这是为人父母的基本责任。

情感交流，是打开心扉的钥匙。

让儿女感受父母的关怀，儿女才愿意真心接受父母的教导。

时间，是最好的良药!花点时间陪伴儿女，相信感情交流和时间可以化解困难，解决问题。

一辈子看似漫长，实则短暂，情感交流和时间可以化解心结。

父母要给自己一点时间，放慢步伐，陪伴儿女，让岁月多一份爱心，让儿女多一份关怀，让自己多一份责任心，持续幸福。

灾害，是灾害教育的资源

关键词：灾害　教育　资源

灾害是大家都不愿意看到的事情。

灾害教育却是我们需要学习的重要内容。

例如，"新冠"肺炎疫情的突如其来，给大家带来了灾害。

对于我们来说，防灾、减灾、救灾工作，也是一种教育资源。在抗灾的同时，我们也要善于利用真实场景开展灾害教育。

理想的教育包含信仰、精神、素质、健康、体能、技能等多方面的内容。其实，孩子们的教育中也不可缺少"灾害教育"。人们在抗灾救灾的时候，往往容易忽视灾害对孩子们成长的影响。

灾害并非好的事情，因此我们都应当尽量避免和减少灾害发生。但是，很多时候，大自然的灾害是突发的、意想不到的、难以避免的，除了接受、应对、解决，在恰当的时候也可以被用来教育孩子们。

灾害，除了有破坏作用，还是一种教育资源。对于家长和老师来说，灾害是一种更加直观的教育资源。如果能够充分利用，就可以让孩子们对大自然和灾害的发生有更深刻的认识，也可以帮助孩子们学习并懂得抗灾、防灾、减灾的重要性和方法。

记得有一年，我到天津大学学习"灾害管理"，在球场模拟现场演练大型地震，那种地动山摇的感觉，那种翻天覆地的震撼，令人刻骨铭心，终生难忘。

后来，我又参加了北京大学心理危机救援队大队长培训班的学习，懂得了应急预案对于防灾、减灾、救灾的重要性。

面对席卷全球的"新冠"疫情，家长可以把疫情灾害作为教育资源，给孩子们进行灾害教育。面对疫情，家长沉着冷静、科学防疫，孩子们有可能会更积极学习家长的应对方式。

其实，也可以利用疫情这一现实情景，和孩子一起列出优势清单，让他们在疫情中做一些有利于心智成熟、思想进步的事情。这样不仅可以帮助孩子稳定情绪，还可以提高其心理素质。

父母和孩子就像教练员和运动员，一个用心教育，一个努力学习，陪伴教育，共同成长。

父母是青少年成长的人生教练

关键词：人生教练　青少年　父母　成长

　　人的身体需要健康成长，人的心理也需要健康成长。

　　在人的心理成长过程中，青少年阶段尤为重要。

　　青少年的心理成长会影响人的一生，因此，青少年的心理成长过程更加需要关注，更加需要培育。更加需要"人生教练"！

　　青少年的心理成长，需要走过一段"教育成长"和"自我成长"的路程。教育成长离不开长辈的悉心培育。当然，这里说的长辈包含父母、老师以及年长的亲戚和朋友等。对于大多数孩子而言，父母对孩子的成长会起到至关重要的作用。

　　父母的教育就好比教练训练教员，既需要有一套教育理念，又需要自己身体力行、言传身教，如教授孩子人生意义、培养孩子社交能力、提高孩子的生存技能等，让孩子在教育和实践中不断成长。

　　父母是孩子非常重要的人生教练！

　　美国积极心理学家罗伯特·比斯瓦斯·迪纳在其《积

极心理教练：评估、活动与策略》一书中认为：培养孩子第一步需要"正面评估"，看看小孩有什么"正面"的资源。在书中，他把这些资源分为五种：能力、幸福、希望、情境、使命。

能力，不仅是指品格优势，还包括天赋、技能、兴趣、资源。其中，资源包括金钱、人脉、时间、健康、家庭、教育、学习能力等。

幸福，包括幸福满意度和心理幸福感。其中，心理幸福感包括乐观、自信、道德、人际关系等特质。

希望，包括动因思维和途径思维。动因思维，是指能掌控未来，敢于行动和坚持。途径思维，是指能找到好的办法，更有创造力，更愿意尝试多种方法来解决问题。

情境，是指在一定时间内各种情况的相对的或结合的境况。我们应当明确什么情境下能发挥最好。比如，在办公室和在公园里思考问题，哪里会令思维更敏捷、更活跃。

使命，是指一个人的价值观。来到这个世界，最想要什么？人生的意义是什么？

综合孩子的特质和不同情境，父母可以给孩子提出一些适当的指导和建议，让孩子的心理阳光、正向正直、积极向上。

养育孩子是父母一辈子的事情

关键词： 养育　一辈子　孩子

三月十二日是中国的植树节。

俗话说：十年树木，百年树人。

养育孩子就像种树，需要爱心、关心、细心、耐心、真心，是人生中不断自我成长的一件事情。

就像长跑，有了孩子之后，父母既是运动员，又是教练员。

如果问我对孩子有什么期望？我想应该是：有独立的灵魂，有健康的体魄，有健全的人格，有自立的能力。

无论孩子处于成长的哪个时期，父母都希望孩子能够满怀幸福感地发展自己，健康快乐，远离不幸，平安处世。

无论孩子处于成长的哪个空间，父母都希望孩子能够从柴米油盐酱醋茶的生活中不断完善自己的人格和人生，快乐就好！

有人说：养育孩子，授之以鱼不如授之以渔。而我的想法却是：只要条件允许就可以既授之以渔也授之以鱼，毕竟衣食足而知荣辱。作为父母，也可以趁年轻的时候多学习一些本领，以利"以鱼换更好的渔，再以渔获得更多的鱼"。"鱼"与"渔"的兼得并不矛盾。

人生路上，陪伴的人越多越好。不过，马拉松长跑者很多时候都是独自上路，孤独前行，完成自己的人生梦想。

当然，养育孩子比植树更难，要花费更多心思和精力。因为，人是活动的、成长的、变化的、有自我意识的，有时候甚至是叛逆的，所有这些都需要家长不断调整心态和策略想办法帮助孩子解决。

希望孩子长大以后，能够有一个积极的心态，多一点自发的责任心，无论是对自己、对亲人，还是对别人，这是心智成熟的标志，也是人格健全的体现。

希望孩子长大以后，能够积极乐观，交际能力强，心理素质和心理承受能力好，心胸开阔，与人为善，视野宽广，能够持续体验快乐。

望子成龙，望女成凤，是为人父母的美好心愿。养育孩子是父母一辈子的事情，陪伴孩子（至少是精神陪伴或者是相互陪伴）更是父母一辈子的事情。

自律是一种积极乐观的生活态度

关键词： 生活　自律　生活态度　积极

自律，是我们保持乐观的守护神！

自律，是保障我们过上美好生活的优良品格。

自律需要规范自己的情感和行为，控制自己的欲望。

自律，在很多时候需要吃点亏，甚至吃大亏。

简单地说，自律就是"德要配位"。

要做到自律，真的很不容易！

自律是个人成长过程中的一种修炼，受家庭教育、学校教育以及周围环境的影响。如果父母是自律的人，那么儿女自律的概率会大很多。

积极心理学之父马丁·塞利格曼先生从全球多个国家的千年历史文化中提炼出一些优良品格，其中，"自律"就是人类共同的优秀品德。

据新闻报道，某单位一名领导，还是个博士研究生导师，每个月工资、奖金、补贴等收入约三万元，却因收受建筑方的八万元红包而锒铛入狱。这真是得不偿失。如果能够自律，其可能生活得安逸又美满。

　　乐观是一种积极情绪，自律则是延续乐观的一种美德。

　　乐观是一种积极心理，乐观是一种生存能力，自律则是乐观情绪的守护神！

　　自律，是一种积极乐观的生活态度。

六

读书与幸福生活

《菜根谭》对我的人生影响

关键词： 菜根谭　影响　人生

《菜根谭》是明朝的一本奇书！

中华文化数千年，凝结巨著无数，《菜根谭》就是其中一本能启迪心智、陶冶情致的好书，是一本让人能够自我成长的奇书。

大学刚毕业参加工作的时候，无意间，我在报纸上看到一名伟人推荐一本叫作《菜根谭》的书，于是，就跑到书店买了一本。之后，这本书就一直放在我办公桌的左上角。

转眼间，几十年过去了，《菜根谭》陪伴着我共度日月，走过许多风风雨雨。每天，拿起书来翻一翻，读一读其中的一些字句。逐渐，新书变成旧书，书角也卷了起来，时光荏苒中对人生也好像有了觉悟。

平日翻看《菜根谭》就成了我生活的一部分，在生活和工作中我也会以书中的句子警示自己。

当我春风得意，一帆风顺的时候，我会想到书中所讲的："顺境不足喜，逆境不足忧！"

当我身处逆境、四面楚歌的时候，我会想到："忍得住耐得过，则得自在之境！"

当我事业遇挫，有点灰心的时候，我会想到："处逆境时比于下，处怠荒时思于上！"

当我与人相处，有些摩擦的时候，我会想到："路要让一步，味要减三分！"

当我遇见恶人，遭遇诽谤的时候，我会想到："君子坦荡荡，小人长戚戚！"

当我心烦气躁，心神不宁的时候，我会想到："躁极则昏，静极则明！"

还有许多警句，陪伴着我走过了风风雨雨、喜怒哀乐，使我在工作中遇到问题时能"修养定静工夫，临变方不动乱"，让我在生活中懂得了"乐贵自然真趣，景物不在多远""贪者虽富亦贫，知足者虽贫亦富""风月木石之真趣，惟静与闲者得之"。

《菜根谭》是明朝思想家、学者洪应明撰写的，是一本让人淡泊明志、宁静致远的书，是一本让人懂得许多做人道理的书，是一本塑造完善品格个性的书，是一本让人工作顺利、生活顺心的书，是一本让人形成积极心态的书，是一本让人能够感受到幸福生活的书！

《菜根谭》如良师益友，陪伴着我走过漫漫人生路。此生有《菜根谭》相伴，知足、感恩、幸福！

读书与书缘

关键词：读书　书缘　书店

　　这辈子，我有两个爱好：吃白米饭，读悠闲书。

　　如果说吃饭是与生俱来的本性，那么读书可能是前世修来的德性。一生与书结缘，更直接地说是一生与书店有缘。

　　曾有"风水大师"为我指点迷津：本命卧木，木头做成纸，纸印成书，你与书为伍，自然就会"生你、养你、助你"。我仔细想一想，信也无妨，无非就是多买几本书，多读几本书。

　　冥冥之中，总觉得"大师"说得有些道理，也觉得买书、看书是好事。有意无意中，我总喜欢在身边放几本书，读书也成了我一生的兴趣和爱好。

　　我从小就喜欢看书，特别喜欢看历史、文学、地理等方面的书，尤其是涉及天文的书，我也喜欢仰望星空、畅想未来。

　　大学毕业之后，我搬到了北京路（广州市）附近居住，而且一住就是 10 年。北京路的好几家书店，都与我结下了不解之缘。

我家离北京路上的几家书店大概就几百米，每天晚上，我在散步时就不自觉地进店，遇到合适的书就买下，带回家。渐渐地，房间的书越垒越高，变成了小书库。

参加工作后没过多久，单位旁边就开了一家新华书店。中午休闲或者写东西累了的时候，就会走到书店里面去看看，看到喜欢的书便买回来。

有朋友问我，网上买书经常打折，为什么不到网上买呢？其实，他们不知道，我早就是常用电商购书平台的老用户，能以非常优惠的价格购书。去书店买书为的是一份诗意，一份闲散养心之意。

这些年，我经常到酒店开会，这些酒店里也常常隐藏着一些精致的书店，由于老板选书有方，书店里经常会摆着许多特别好的书籍。因此，每逢开会，我也喜欢到这些书店里面走走，买上几本中意的书。

每逢出差到外地，我还喜欢逛机场书店，上飞机之前选上一两本书或者杂志，可以满足整个旅途的消遣。

曾经有朋友问我，你经常花钱买书，不会影响生活质量吗？印象中，我感觉这并没有影响我的生活，相反，看书越多，给我带来的机会也越多。

看书多了，写作时便感觉有如神助。以前，我喜欢在日记本上写作，自从有了博客，我就在博客上面写，断断续续写的文章接近千篇，不知不觉已累积了 20 万的点击率。之后，又有了微博、微信，我情不自禁地又在上面写一些东西。当我需要讲课的时候，我就把以前写的材料做成幻灯片，作为讲课素材。

书多了，自然需要书柜放书，再添上几个艺术品，书房就显得更有诗意，自然就有了德国哲学家海德格尔所推崇的"诗意地栖居"的模样。

此生与书结缘，与知识结缘，但愿能够继续诗意地栖居。

执着与中庸的感悟

关键词： 中庸　执着　平衡

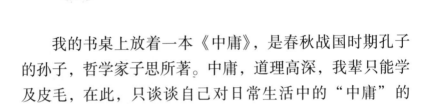

　　我的书桌上放着一本《中庸》，是春秋战国时期孔子的孙子，哲学家子思所著。中庸，道理高深，我辈只能学及皮毛，在此，只谈谈自己对日常生活中的"中庸"的感想。

　　我认为，人生路上有两条心路，一条是执着，一条是中庸。

　　生活中，我们常常与在这两方面走极端的人打交道。

　　事业上没有执着难以出成绩，而生活中没有中庸则难以有乐趣。

　　凡事业上取得成绩的人，除了自身的聪慧和运气的眷顾，还需要对某些方面有特别的兴趣，并执着地学习，不断地追求。虽然道路崎岖却仍然义无反顾，勇往直前，方能取得事业的成功。

　　事业上走中庸之道的人，容易得过且过，漫无目的，难成大事。

　　凡生活中有乐趣的人，除了自身有积极乐观的性情外，还要在生活中处事圆融，可进可退，不走极端。虽难题棘手，但往往能取中庸之道，妥善处理，让各方满意，皆大欢喜。

而在生活中固执的人，容易与人纷争，是非不断，难以相处。

人的一生，在事业上需要有一定的执着，不断努力，从而获得成功，然后得到一定的名誉、地位和利益，也就是所谓的事业有所成。

人的一生，在生活中需要遵循一定的中庸之道，少走极端，与人为善，广交益友，有品位地享受生活中的乐趣，也就是所谓的生活有质量。

人生路上，干事业需要多一些执着，才能取得成绩；享受生活需要多一点中庸，才能乐在其中。

人生路上，需要在执着与中庸之间保持平衡。

幸福生活与幸福指数

关键词： 幸福　指数　当下　质量

某本地理杂志上有一篇文章名为《最幸福的地方》，讲述的是全世界幸福指数最高的国家主要是北欧五国，这些国家环境优美，社会福利高，工作时间短，人们生活休闲。归根结底就是有安全感，人们生活压力小，人民幸福指数高，幸福感满满。

幸福指数是衡量一个国家的管理水平、生活环境和工作环境等状态的指标。由于国家的面积大小、人口数量多少不一，具体的生活环境也不一样，因此，很难用一个统一的标准来评判。

亚洲小国不丹曾经多次被评为幸福指数比较高的国家，我认为主要是因为国家小、容易管理，且当地民众都信仰佛教，主张自己管好自己的生活就好，不喜欢跟别人比较。因此，不丹虽然还是一个以农业为主的国家，民众却觉得自己很幸福。

对于个人生活，幸福指数只能作为一个参考，指导我们改善心态、感受幸福，如果照抄那些幸福指数高的地区的生活方式我们也未必感到幸福。

人生百态，各有千秋，生活是不能比较的，活好自己才是真的幸福生活。抛开幸福指数，个人的幸福离不开平安、健康、金钱、快乐等因素。其中，平安是重中之重，没有平安，一切都将归于零。

生活是自己的，幸福指数只是一份数据，幸福生活比幸福指数更加重要。活在当下，在现有的条件下过好自己的生活才是真正的幸福。

认识自己， 接纳自己

关键词： 认识 接纳 自己

人，认识自己是一辈子的事情！

人，接纳自己也是一辈子的事情！

与认识其他事物相比较，客观地评价自己是一件比较复杂的事情，也是一种比较复杂的心理。因为，人在很多时候要么肯定自己，要么否定自己。

一个周末，朋友忽然发来微信问我："你有这本书吗？"后面是一个截屏，截屏上是一个健身公众号以及其推荐的一本书《认识自己，接纳自己》。

我有很多心理学的书，特别是积极心理学方面的书，《认识自己，接纳自己》是积极心理学之父马丁·塞利格曼的著作，当然会有。

虽然我有很多书，朋友忽然问我要心理学方面的书，还是让我有点愕然。她说是健身公众号推荐的。惊讶之余，我有点感慨，现在健身教练也懂得应用积极心理学的方法来教授学员了。

当然，朋友如愿以偿。我把《认识自己，接纳自己》

这本书送给了她，同时把马丁·塞利格曼先生创建积极心理学时写的一本书《真实的幸福》也送给了她。

赠书后，我向朋友简单介绍了马丁·塞利格曼先生以及由其创建的积极心理学，恰巧当时我也正在阅读刚出版不久的《塞利格曼自传》这本书。我希望朋友在阅读完《认识自己，接纳自己》之后，继续阅读《真实的幸福》。因为，掌握一点心理学知识，也许会对我们过上幸福生活有一些帮助。

通过阅读《真实的幸福》，能够学习并懂得一个关键词——幸福感，包括了解幸福感是如何产生的、幸福感与自身优势和美德等因素之间的联系，以及怎样才能获得持续的幸福。

与"幸福感"相关的一些概念，有美德、优势、基因、成长性思维、固化性思维、示弱、持续的幸福等。幸福感可以培养和获得，尤其是需要自身的持续学习和觉悟。获得幸福感需要不断地提高自身能力。

人认识自己是一辈子的事情！人接纳自己也是一辈子的事情！赋予自己做一些让人有幸福感的事情的能力，是认识自己和接纳自己的一个好方法。幸福感不仅可以提高一个人的生活质量，也是促进一个人过上有意义生活的动力。

要幸福，要认识自己和接纳自己，不妨从认识和了解幸福感开始！

对酒当歌，人生几何

关键词：曹操　豁达　能力　品德

读中学的时候，我比较喜欢魏晋时期魏丞相曹操的四言诗，当时就熟读他的《短歌行》《龟虽寿》等诗歌。

"对酒当歌，人生几何？"

的确，一个人生命的长短我们难以确定，既然生命的长短我们掌控不了，那就管好自己生活的质量，管好"诗和远方"，让生活更加积极乐观。

"慨当以慷，忧思难忘。何以解忧？唯有杜康。"

古人无论高不高兴都喜欢喝酒，喝杜康酒，高兴了喝喜酒，失落了喝闷酒，朋友相聚喝欢聚酒，亲友送别喝壮行酒……好像有酒就会万事无忧，有酒就会万事"悠"。

"青青子衿，悠悠我心。但为君故，沉吟至今"，表明了曹操大肆招贤纳士的想法，表现了一个领袖人物的宽阔胸怀和爱才情怀。"我有嘉宾，鼓瑟吹笙"，则体现了曹操为人才歌为人才乐的博大胸襟坦荡如砥。

曹操在《短歌行》中最后言道："山不厌高，海不厌深。周公吐哺，天下归心。"其中，所谓的"天下归心"，就是要以德服人，而不是以小恩小惠笼络人心。这也表明了曹操的宽广胸怀以及为人处世的格局和眼光。

像大山一样高的能力，像海洋一样深的胸怀，以及让天下人归心的德行，这其实就是曹操极力推崇的能力、胸怀和品德。

短歌行
魏晋·曹操

对酒当歌，人生几何！譬如朝露，去日苦多。慨当以慷，忧思难忘。何以解忧？唯有杜康。青青子衿，悠悠我心。但为君故，沉吟至今。呦呦鹿鸣，食野之苹。我有嘉宾，鼓瑟吹笙。明明如月，何时可掇？忧从中来，不可断绝。越陌度阡，枉用相存。契阔谈讌，心念旧恩。月明星稀，乌鹊南飞。绕树三匝，何枝可依？山不厌高，海不厌深。周公吐哺，天下归心。

积极心理的先贤——苏东坡

关键词：苏东坡 积极心理 先贤 乐观 人生

如果要评选古代的积极心理学人，我首先想到的是宋代大文豪——苏东坡。

苏东坡，大名苏轼（1037—1101 年），字子瞻，号东坡居士，四川眉山人，北宋文坛领袖，著名文学家、书法家和画家。苏东坡 22 岁进士及第，先后在杭州、徐州、湖州、扬州等地做官，且数任京官，因与当时的官场理念不合，先后被贬谪到黄州、惠州、儋州等地为官。

苏东坡有许多著名诗词流传甚广，如《水调歌头·明月几时有》《念奴娇·赤壁怀古》等。

苏东坡几次在谪居地做官期间，生活环境往往非常艰苦，但他不怕困苦，体察民情，苦中作乐，还开创了美食"东坡肉"。在杭州任职期间，他积极治理钱塘江水患，修建了西湖水系工程，造福一方，富庶江南，惠及百姓，受到万民拥戴，于是就有了而今名震中外的杭州西湖美景和闻名遐迩的苏堤。

苏东坡乃文人雅士，常在为官之余游山玩水、吟诗作画、感慨人生。在谪迁惠州时，他就发现罗浮山上的甜美荔枝，并为岭南荔枝写下了"日啖荔枝三百颗，不辞长作岭南人"的著名诗句。苏轼苦中作乐的积极人生态度，由此可见一斑。

苏东坡在岭南为官周游时，曾经路过我的家乡广东清远县（现为清远市），写下了一首题为《峡山寺》的诗。

我读小学的时候，曾经游览过清远北江上游的风景区飞来峡。在一条茂林修竹，清流湍激，映带山阴的山路上，建有一座用来避雨的亭子，檐枋上就有苏东坡先生游览飞来峡时写下的诗：

峡山寺

宋·苏轼

天开清远峡，地转凝碧湾。

我行无迟速，摄衣步屏颜。

山僧本幽独，乞食况未还。

云碓水自舂，松门风为关。

石泉解娱客，琴筑鸣空山。

佳人剑翁孙，游戏暂人间。

忽忆啸云侣，赋诗留玉环。

林空不可见，雾雨霾鬈鬟。

正是这首诗，让年幼懵懂的我第一次知道了古时候有个大诗人叫作苏东坡，而且到过我的家乡。后来，我在一些有关清远的文史资料里了解到，苏东坡曾经在清远游历过一段时间，并与当时的一些才子和僧侣有过交往，留下了不少诗句和墨宝。我也一直为家乡得到苏东坡的赞誉而感到自豪。

人过中年之后，阅历渐丰，我在感叹生活浪漫之余，更加欣赏苏东坡豁达积极的心理。在苏东坡的众多诗词中，我最喜欢的是关于人生感悟的《定风波·莫听穿林打叶声》，感觉这是最能反映苏东坡积极心理的一首词。

苏东坡中年时被贬谪黄州（湖北黄冈），游沙湖时遭遇风雨，感慨中写下了这首著名诗词。其中那句"一蓑烟雨任平生"，令其乐观豁达、无私无畏的心境和心态彰显无遗。

定风波·莫听穿林打叶声

宋·苏轼

莫听穿林打叶声，何妨吟啸且徐行。竹杖芒鞋轻胜马，谁怕？一蓑烟雨任平生。

料峭春风吹酒醒，微冷，山头斜照却相迎。回首向来萧瑟处，归去，也无风雨也无晴。

这首词借写景进而感叹人生："莫听穿林打叶声，何妨吟啸且徐行。"如果说醉酒的人因为大脑皮层兴奋而自我感觉良好，于是无所畏惧，那是"不知所为"。苏东坡在词中写道："料峭春风吹酒醒，微冷，山头斜照却相迎。"一个人在酒后清醒、寒意初上时仍然无所畏惧，还能感受到阳光照耀，说明他在这个混沌的世界中仍然"清醒"，无所畏惧，对崎岖不平的前路仍然充满信心和希望！这就是典型的积极心理。

"谁怕？"谁都不怕！为何不怕？因为"心底无私天地宽"！

苏东坡在这首词末感悟到："回首向来萧瑟处，归去，也无风雨也无晴。"在回首往事的时候，所谓的艰难困境其实都是"暂时的困难"，不必看重，风雨过后仍然是"无风、无雨、无晴"的平凡世界。这首词，使苏东坡在中晚年后历经风雨仍心境豁达的精神风貌跃然纸上，也引起了我们的共鸣。

苏东坡年长以后，仍然在貌似平淡的生活中写下了许多亘古长存的绝佳诗词，充分展示了这位大儒心无旁骛、心态淡定的超然气质。

由苏东坡的心境，我想到了心理，想到了心理资本，想到了积极心理。心理学家 Fred Luthans 等在其撰写的书《心理资本》中，将心理资本定义为一个人具有的一种积极的心理发展状态。

心理资本包含四个要素：信心、乐观、希望、韧性。其中，信心，是指在挑战中获得成功；乐观，是对成功采取积极的归因；希望，是不断调整迈向目标的路径；韧性，是在逆境中坚持不懈，直到恢复正常甚至超常状态。参照这些要素，我不禁感慨：苏东坡正是在人生逆境中不断获得心理资本和完善人格的积极心理大家。

由苏东坡的《定风波·莫听穿林打叶声》这首词，我想到了一些遇到困难且仍处在苦闷之中的朋友们，如果他们能够在阅读这首词后，对生活有新的认识，豁然开朗，淡化既往，乐观前行，也许就不会再担心恐惧了。相信一切困难都会过去，生活也会逐步回归平常。

文末词句："归去，也无风雨也无晴。"可能更能表达人到中年之后的那种无欲无求的恬淡心境。

在文学方面博学多才，在人生经历方面丰富多彩，在人格魅力方面乐观豁达，我想苏东坡在诸多方面都受到了后人的崇拜和敬仰，跟他的豁达性格和积极心理是有关的。

人生如梦，正如苏东坡在诗词中所说：一蓑烟雨任平生！

行到水穷处，坐看云起时

关键词: 王维　水穷处　云起时

　　王维，唐代诗人、画家，官至尚书右丞，是官员亦是佛教徒。王维写的诗，充满恬淡豁达的禅意，短短的诗句却常常让人悟出许多人生深义。所以，闲暇时，我喜欢翻阅王维的诗句。

终南别业

唐·王维

中岁颇好道，晚家南山陲。

兴来每独往，胜事空自知。

行到水穷处，坐看云起时。

偶然值林叟，谈笑无还期。

　　我喜欢王维的诗，特别是《终南山别》中的这一句："行到水穷处，坐看云起时"。

　　本以为水都流不动的地方，看似走到了绝路，索性坐下来，却瞬间看到了山间飘飞出来的袅娜云霞。

　　诗句诠释了"人生波折似尽头，沉心远望有惊喜"的意境。

人生常常遇到困境，本以为无法解脱的事情，不经意间却烟消云散，困难顿消。其实，人生总是给人带来希望，说走就走，该停就停，志存高远，则无须顾虑后路。

念完诗句，可以让本来愁云笼罩的焦虑荡然无存。天无绝人之路，何足惧前路漫漫？天生我材必有用！

每个人都有其优秀的特质，如果能够发挥优势，把事情做好，就无须担心事情做不了或做不好。

积极心理的作用就是让自己知道哪些方面特别"能"，哪些方面有本事，并充分自信地发挥自己的能力去解决问题，提高生活质量。

王维的诗与苏东坡的词，有异曲同工之妙，不同朝代的两位大官人都通过做官感悟人生的哲理。两人都喜欢隐居山林乡野，醉心于琴棋书画或坐禅品茶等乐活方式，灵感来了便写诗填词，活得悠然潇洒、禅意十足；面对困境亦依然保持充满正能量的积极心态。

朗读王维的诗词，常常情不自禁地想起：

行到水穷处，坐看云起时！

树绿，蛙鸣，鸟叫，读书

关键词： 人生　读书　环境

每年二三月份，小区的园子最热闹。

惊蛰过后，树上那经过寒冬的叶蕾在春雨的催促下一夜吐绿，满园嫩绿春色。

这时，在隆隆的春雷声中，青蛙，可能还有蟾蜍，在窗外的水池里开始"呱呱呱"地叫个不停。慢慢地习惯了这些自然之声后，睡觉时便基本上不会被吵醒。

清晨，窗外的树梢上，各种各样的鸟儿在歌唱，清脆悦耳，让人感觉窗外仿佛有音符在跳动。

周末，坐在客厅餐桌旁边，享受着清风吹拂，泡上一杯清茶，翻开闲书，再照进一抹阳光，便令人舒心爽朗。

从小父亲就告诉我，勤奋才能有饭吃；老师则告诉我，读好书才可以走遍天下。于是，读好书和买好书成了我一生的嗜好。

从读书说到买房，挑选房子的时候，我就列出了几个必备条件：郁郁葱葱的绿化园子，蛙鸣鸟叫的生态环境，坐北朝南的阳光窗户，可以放书读书的诗意房间。

这些年，通过读书、工作，我慢慢地实现了读书自由，也拥有了自己喜欢的房子。不得不感慨：人生还是需要多读书！

《吾心可鉴》——我的积极心理学启蒙书

关键词： 吾心可鉴　启蒙书　积极心理学

几年前，我在网上买了一本清华大学彭凯平教授的著作，名为《吾心可鉴》。一收到书，我就开始废寝忘食地认真阅读并做了简单笔记。我从书中学习了一些概念，觉得非常有意义的就制成了幻灯片，和同事们一起分享，但是，我总觉得自己理解得还是比较肤浅。于是，我就报名参加了清华大学的积极心理学培训班，希望能够身临其境，聆听彭凯平老师以及其他老师们有关积极心理学的课程，更进一步地学习和理解《吾心可鉴》的精髓。

首先，"福流"，指的是一种幸福的体验。彭老师讲述了一个他在西藏拉萨布达拉宫曾经看到的场景：夕阳下，一位老喇嘛正不慌不忙、慢条斯理地扫着地，地上撒落了很多树叶和金钱，气定神闲的老喇嘛只是一下一下按部就班地把金钱和树叶一并扫进了簸箕里，他将地扫干净的同时也扫干净了心上的尘埃，让心里充满了快乐……这让彭老师久久难忘，也让我们瞬间理解了什么是"福流"。

彭凯平老师通过解读《庄子》中的"庖丁解牛"，那种自娱、洒脱、娴熟、旷达、忘我和愉悦，是一种真正的游刃有余、身心酣畅的绝妙体验，为我们形象地诠释了积极心理学家米哈依谈到的六种福流的心理体验特征：全神贯注、知行合一、物我两忘、时光飞逝、驾轻就熟、陶醉其中。

彭老师特别指出：生活处处有福流，它贯穿着我们的工作和生活，贯穿在我们为人民服务、为家人辛劳的人生历程中。正如古往今来的戍边将士们，都是风餐露宿却虽苦犹荣。

其次，"爱情"。"问世间情为何物？"心理学家认为：爱是人类内心的产物，是人类一种普世的基本情绪。彭老师在书中解读了不同心理学家对"爱情"的不同定义。罗宾的"爱情三体验"把"爱情"定义为三种体验：依恋、关心、亲密。哈特菲尔的"两类爱情"的观点则认为爱情有"共情之爱"和"激情之爱"。此外，还有李·约翰的"爱的画风"，斯滕伯格的"爱情三角理论"，等等。大量研究证明：爱情不仅仅是一种积极的情绪体验，它也和人类的饥饿感、性欲望以及求生本能一样，是人类最原始的生存本能。

再次，"正心"，是指正义之心。心理学界从事道德心理学研究的第三代学者的领军人物之一乔纳森·海特在他的新书《正义之心》里解读了正心的概念。正心是人类的一种本能，是人心一种积极主动的反应，是人类进化选择出来的优势，是人类的灵性、悟性、德性的一种体验。

结合彭老师在"美好人生"一课中的解读，我们对当代社会为什么需要正心，为什么需要学习积极心理学又有了新的领悟。

为什么要学习积极心理学呢？因为这是时代的呼唤，是人类和民族的智慧，是与众不同的人性，是健康长寿的秘诀。

正如《遇见你的幸福心灵》一书的作者彼得森先生所言："人间有大爱，生活有幸福，个人有贡献，工作有意义。"

彭老师以边防前线官兵为例来说明这个问题，虽然边疆生活条件很艰苦，但士兵们仍然很开心，因为他们是为保卫祖国守边疆，吃的苦非常有意义。

彭老师还特别指出，正心，就是需要良好的社会心态，这是积极心理学倡导的社会格局。

正心也是人类社会进化到今天的结局。达尔文在《物种起源》中提出：自然选择，适者生存。这也验证了正心是社会发展的必然趋势。

此外，彭老师还指出，积极心理学与长寿有关，与积极人性有关，积极心理学培育的积极良好心态对于社会和谐发展具有重要意义。

我认为，学习《积极心理学》，是一件值得终身追求的事。

阅读积极心理学创建者马丁·塞利格曼先生有关积极心理学的书，让我对积极心理学有了初步认识；而学习彭凯平老师结合中国传统文化撰写的《吾心可鉴》一书，则给了我很大的启发。因此，我把《吾心可鉴》作为我学习积极心理学的启蒙书。

旅游与幸福生活

诗和远方的随想

关键词: 诗意 远方 感想

诗和远方,是一种幸福生活!

没有诗的世界,缺少情调;

没有远方的世界,缺乏浪漫。

人,需要诗和远方。

德国哲学家海德格尔把德国诗人弗里德里希·荷尔德林渴望生活美好的诗句"人,诗意地安居",延伸成为具有哲学意义的一句话:"人,需要安静祥和地生活。"

现在,人们又把诗句的含义衍生成了我们对生活的向往:"人,需要舒适惬意的生活。"

要想过上舒适的生活,当然要提高能力,包括提高学习专业知识和生活技能的能力;提高个人素养,增强摄影、绘画、文学、音乐等方面的艺术感知的能力;提高生活品位,提升内敛气息、恬淡静养、雅致意趣的能力。所有这些能力都会在潜移默化中逐渐形成一种"诗意"的生活氛围,成为我们的人生资本,从而实现哲学家们理想中的"诗意地栖居"。

所谓"远方"，正如法国大诗人阿蒂尔·兰波所说的"生活在别处"，就是满怀憧憬地走出去，把"远方"的诗情画意、浪漫旖旎写进心里带回家，去装点平常的日子令其充满"诗意"。例如摄影，将远方采撷的"美丽"景象带回来，成为滋养我们"诗意"生活的"营养品"，也许这就是"远方"的意义所在。

德国哲学家海德格尔说："诗意地栖居！"法国大诗人蒂阿尔·兰波说："生活在别处！"把两者结合起来就是：将属于远方的美好诗意带回家带到日常生活中，让平凡的日子充满诗情画意。"诗和远方"寓意我们既要诗意般地过好眼前的生活，又要浪漫地去周游世界、开阔视野。

诗和远方其实就在我们身边，就在我们心里。只有时时刻刻把这两样东西都放在心上，才会体验出"诗和远方"的生活韵味：诗中有远方，远方有诗意！

所谓幸福生活，其实就是：诗意地栖居，生活在别处！

人生就要去西藏——我的进藏心路历程

关键词：西藏　人生　旅游

西藏的美是神秘的！

西藏的美是独特的！

高高的雪山，静谧的湖水，蜿蜒悠长的雅鲁藏布江，云遮雾绕的大峡谷，高耸入云的彪悍藏寨，宛若江南的桃花源，热情淳朴的民风，还有神秘而令人生畏的高原反应，所有这一些，都让人不得不感慨：西藏的美是神圣的！人生就要去西藏！

上中学的时候，我们通过地理课和历史课，知道国内有个地方叫作西藏，还知道了唐朝文成公主进藏的故事。但是，在那时，对于我们而言，西藏是一个遥不可及的地方。那时候，飞机很少，火车行驶得也很慢，西藏基本上属于我们不会去也很难去的地方。

参加工作之后，我逐渐参加了一些旅游和学习，但基本上只是到达云南、四川、青海和新疆等地方，对西藏的向往还未化为付诸实践的动力。

大约10年前，我到青海旅游。在青海湖边，我出现了高原反应，头痛欲裂，想到西藏比青海的海拔还要高，瞬间我就熄灭了去西藏的想法，感觉此生可能都进不了西藏了！

高原反应成了横亘在我心里的一道高山，我既想跃跃欲试，又敬畏恐惧，犹豫再三，最后总是用敬而远之的心理安慰自己，算了。

从 2002 年开始，我持续读购《中国国家地理》杂志，杂志中经常会有专辑介绍西藏的壮美山河。在早年使用微博的时候，我也会经常转载一些有关西藏的文章和照片。西藏美丽又神秘，欣赏之余，我又萌生了去西藏的念头。

2019 年的春天和秋天，我先后两次到北京参加了积极心理学的学习班，系统学习了积极心理学的理论知识。

积极心理学认为：每个人都可以从自身挖掘优势并发挥出来，以克服困难，解决生活中的各种问题。于是，我又觉得，作为一名积极心理人，应该积极乐观，发挥自己的优势、调整好自己的状态去西藏。

几年前，我到潮州讲课，就顺道拜访了开元寺，一副"心无挂碍"的牌匾吸引了我。于是，我便把它拍摄下来，用于调整自己的心态。

"心无挂碍，无挂碍故，无有恐怖，远离颠倒梦想，究竟涅槃。"《心经》这段话提醒了我，过多的挂碍，会妨碍自己的梦想。心无挂碍，可能才会实现理想。

高原反应既是医学问题，又是心理问题，而这两方面问题都属于自己的专业知识范围，我想，我应该可以发挥自己的专业优势来解决。

于是，我就开始琢磨高原反应的成因。高原反应的核心是心和脑缺氧，因此，保持有效心率和呼吸，保证心脑供氧是根本；减慢心率和深呼吸，是减少高原反应的关键。

高原反应，对于大多数还没有到过西藏的人来说其实是心理问题，而过于关注别人的负性经验则会暗示自己从而产生恐惧，然后诱发心率过快，呼吸加速，有效供氧减少，导致心和脑缺氧，出现胸闷和头痛，进一步加速心跳和呼吸，造成恶性循环。

人的潜能是无限的，但是，人的心理又是脆弱的。这种反差导致我们的许多潜能难以发挥出来，以致成为一道鸿沟或者一座高山，令我们望而却步。

一直以来，我都将西藏旅游排除在我的考虑范围之外。甚至认为，去不了西藏可能是"命中注定"的，并经常拿自己身体上一些小毛病作为借口，让自己心安理得。

看到身边越来越多的朋友去了西藏，我总觉得此生如果也能去一趟西藏就心满意足了。

人的心理其实都是在不断地摇摆中成长和成熟起来的，没有天生就心理强大的说法，关键是要有智慧和勇气克服困难，挑战"不可能"。

这几年，我逐渐喜欢上了手机摄影，并曾多次前往新疆和青海等地旅游拍摄，拍下了不少令人满意的照片。看着这些美丽的照片，我越来越觉得，如果不到神秘而美丽的西藏拍摄一番，那将是人生的一大遗憾。

当有朋友相约去青海旅游的时候，我就义无反顾地报名参加，并希望在海拔比西藏低一点的青海实践一下自己研究出来的一整套抗高原反应的训练方法。后来，在青海旅游的 10 多天，我和同伴基本上没有出现什么高原反应，也没有头痛胸闷。这些经验，再次给了我走进西藏去拉萨的勇气。

终于，在 2021 年的四月初，当飞机降临西藏的林芝机场时，我多年的进藏愿望实现了。随后的一周时间里，我们翻过了一座座海拔约 4500 米的山口，每天走上万步，一直没有高原反应。最后，我终于走进了拉萨，走到了羊卓雍措湖边，收获了许多有关西藏美景和风土人情的照片，完成了多年的心愿。

让我们心无挂碍，走出负面暗示，走出负面情绪，用积极心理的理论指导自己，发现和发挥自身优势，克服心理上的困境，去实现人生中的更多梦想！

最后感慨：此生已经去西藏！

游湘西凤凰古城

 关键词：凤凰古城　旅游

湘西凤凰城古老而神秘，很早就想过去看看了。

2008年，与朋友们一行乘火车去游凤凰城，晚上九点开车，第二天下午才能到达。

凤凰古城是个人才辈出的地方，民国第一任民选总理熊希龄、著名大作家沈从文、大画家黄永玉都是在此地出生长大的，明清时期此地还出了很多将军、巡抚，民国时期又涌现出一批文官和将领。路上闲谈，我向朋友们提出了一个疑问："凤凰城（镇）地处偏僻湘西却出栋梁之材，为什么呢？"没人能回答。于是，我们赶紧睡觉，期待旅游结束时能找到答案。

凤凰古城位于湖南内陆山区，因为处于湘西和贵州交界处，面对贵州方向的十万苗山，在历史上就是军事重镇。由于明清时期，剽悍的苗民常下山抢夺湘西汉民和其他少数民族的东西，朝廷不得不在苗山和湘西之间建成一座几百里长的"南方长城"，以阻隔苗人对湘西人的侵扰。整个南方长城的重要关口就设在凤凰古城这个地方。因此，此处是名副其实的军事重地，至今仍有城墙、城门、炮楼和古兵营等军事遗址。历经若干年代及数不清的战争，成千上万的军人驻扎在此，落地生根，繁衍后代……于是，这个小小的边关小寨就变成了名副其实的将军城。

到达凤凰第二天，我们就参观了古城，身在城中，几乎分不清南北西东。穿过城门，来到码头，坐上长长的游船，在艄公的呼喝声中行舟沱江，领略具有土家族特色的"吊脚楼"。沱江江面不算宽阔，一段一段循阶而下，江水清澈见底，长长的水草遍布江底，随着水流飘摇着，饶有情趣。

上岸后，我们经过一座很有特色的"虹桥"。这座桥分成上下两层，下层是桥面，桥两侧满是售卖旅游品的商铺。上层是一个茶座，游人可以上去品茶，也可以参观拍照，凭窗观看，一边是沱江江景，另一边是凤凰城的著名景点"夺翠楼"，那是大画家黄永玉先生在山顶上的私人居所。

过了虹桥，我们又返回到古城里面。

一条条古老街道已变成热闹的商业街，街面由条状的青石板铺成，街道两边颇具湘西特色的房屋鳞次栉比，经过装修，外古内洋。有些店铺内摆放着各式各样的苗族银饰、湘西蜡染和凤凰姜糖等，有些铺子则摆卖树根、木雕、手编工艺品等，还有些店铺销售本地作家沈从文的书籍，如《边城》《湘行散记》《长河》等。

我们先后参观了熊希龄、沈从文的故居，除了了解他们的生平之外，还了解到他们都是军人的后代。

凤凰古城隐藏在丛山峻岭中，被大作家沈从文称为"边城"，是有它的历史原因的。历史上，这里是面对苗山的边关小镇，战争的痕迹仍历历在目。城楼上还摆放着古代的大炮，即便城楼外已盖满了各式各样的房子。随着战争从冷兵器时代向热兵器时代过渡，古城墙已经失去了军事防御功能，加上苗汉互相融合通婚，矛盾逐渐减少，战争也越来越少，使得定居在凤凰古城的苗族人越来越多。

凤凰古城的战争虽然少了，但定居下来的将军却越来越多。将军们戎马一生，功勋卓著，积聚了财富，在此地买房买地，结婚生子。为了后代成才，都竞相聘请外地有才之士来凤凰古城教学，于是，学习风气越来越浓，促使此地各种各样的人才不断涌现，令人叹为观止。

小小凤凰古城，因地理位置而显得重要，因位置重要而聚拢人才，因人才而积聚财富，又因财富而人才辈出——形成了良性循环。

旅行结束回程时，我已经明白为什么凤凰城会出这么多人才。

先辈们重视教育的思想理念，弘扬读书的氛围，以及相互竞争的学习风气等，都是凤凰古城人才辈出的有利条件。

难怪，小小的凤凰古城不断涌现出著名的政治家、军事家、文学家、画家……

游扬州瘦西湖

关键词：扬州　瘦西湖　旅游

第一天，从南京坐车到扬州的时候已是傍晚，吃过晚饭，我们在酒店附近走走，就到了睡觉的时间，没能了解扬州，更没有体会到扬州"白天皮包水，晚上水包皮"的特色。于是，我只好躺在床上，回味晚餐的扬州名菜"狮子头"。

第二天，我们游览了全国四大名园之一"个园"。个园其实是一个竹子园，取"竹"的半边"个"字为名，是清末两淮盐业商总黄至筠的杰作。园林中种植有不同品种的竹子，并用太湖石、宣石等三色石头叠堆成分别代表春、夏、秋、冬四季景色的假山。黄石，似枫叶，远看过去就像秋天的落叶，给人枫叶满山红遍的感觉。竹子中空外直，反映了主人生性耿直的个性。微风吹拂，竹竿摇曳，竹叶晃动，像一个个的"个"字在和游客打招呼，正如清朝著名作家袁枚的佳联所说"月映竹成千个字"。

午饭后，我们到期待已久的扬州瘦西湖游玩。小时候，我不知道西湖和瘦西湖的区别，心中疑惑：西湖为什么还要加个"瘦"字呢？长大后才知道，西湖在杭州，浑圆美丽，而瘦西湖则在扬州，狭长秀丽。故两处西湖被比喻为"环肥燕瘦"。

瘦西湖在扬州西部，原是一条流入运河的自然河道。清朝的时候，地方官员为了迎接乾隆皇帝到扬州来游玩，在几千米的河道上挖淤泥筑山，岸上附近建亭台楼阁、桥梁白塔，两岸广种绿树垂柳，景色足以媲美西湖，又因为河水狭长，因此称为瘦西湖。

走进大门，是一片绿树草坪，缓缓往下走，可见到瘦西湖的标志性建筑——五亭桥。亭桥相连，桥上呈"器"字分布着五座亭子，大白石块的拱桥，红红的柱子，黄黄的亭顶，中间亭子是两层的盖子，有点像清朝的皇帝和前呼后拥着的四个小阿哥。传说，乾隆皇帝曾多次到这里游玩，因此很多游人在湖面上拍照。待船客在码头上了船，船娘咿咿呀呀地唱着扬州小调，一橹一橹地撑着小船，穿过五亭桥，向着乾隆皇曾经钓过鱼的钓鱼台划去。

钓鱼台其实是一个黄色小亭子，坐在上面往回看，是一幅典型的江南水乡画：右侧是五亭桥，左侧是白塔，中间是一座船形画舫，岸边青绿的杨柳随风飘拂，岸上深绿的树木挺拔高耸，错落有致，非常和谐，宁静安逸，湖面上的小船在缓缓游动……

难怪清朝时期"扬州八怪"常在这里琴棋书画、吟诗作赋，乐此不疲。

小船往回穿过五亭桥一直走就是熙春台，这是一座两层古代建筑，现在已辟为茶座供游客品茶。附近种着荷花，让人一看就知道这是一个休闲养生的好地方。熙春台的左侧是著名的二十四桥，这是一座单孔的小拱桥，从熙春台前的码头望过去，就像一顶官帽。导游介绍说："如果以二十四桥为背景，头部顶着桥底拍照，就像戴了官帽一样，寓意着升官发财。"在我的印象中，扬州入仕者并不多，倒是出了不少文人墨客，其中著名的有"扬州八怪"，如金农、黄慎、高翔等，还有"难得糊涂"的郑板桥。他们在书画艺术方面成就巨大，流芳百世。

人活一辈子，入仕为官，境遇难料。难得糊涂的郑板桥，官运一般，却是书画大家。"世有伯乐，然后有千里马，千里马常有，而伯乐不常有。"既然伯乐不常有，何必到处找伯乐呢？既然自己是千里马，相信一定能到自己的伯乐。

游瘦西湖收获的感悟：人活着，最重要的还是要做好自己！

华山风光在险途

关键词: 华山　风光

俗话说,"自古华山一条路",可见华山的险峻!

西岳华山,海拔 2160 米,位于西安南面约 60 公里处,南靠秦岭,北瞰黄河,状若莲花,因此称作"华山"。

我到华山旅游时,走的是东线,从黄埔峪坐索道上北峰,再到风光无限的南天门。这是一条惊险的路,其间要经过令人不寒而栗的天梯,还要小心翼翼地爬行通过苍龙岭。

从北峰到天梯,开始的一段路较平缓,可以欣赏四周美景。只见悬崖峭壁,怪石嶙峋,或似仙人合掌,或似雄狮咆哮,抑或似卧牛盘踞,仿若鬼斧神工雕琢而成,千姿百态,任凭你去想象。

蓦然回首,只见横空出现一状若仙桃的山峰,山腰间云雾缭绕、澎湃汹涌。

见此美景,我赶紧举起手中的相机,甚至顾不上光圈焦距,随手一按,就拍下了令我喜欢的照片——华山仙境。

放下相机的一刹那，山已被雾笼罩，刚才的美景已经消失，眼前顿时一片白蒙蒙。

美丽景色，只在一瞬间！

继续前行，来到天梯下，我抬首一看，在 10 多米高的峭壁上只有一些深浅约 10 厘米的石级，两条粗大的铁链自上垂下，用作扶手，无论爬上或者爬下都得小心翼翼，游客们只能在心惊肉跳中拉着摇晃的铁链爬上峭壁。

华山风光在险途！

爬上天梯，前面就是更加险峻的苍龙岭，惊人程度不输天梯。长达 100 多米的山脊上，宽窄只有一米多，且路的一侧是悬崖峭壁、万丈深渊。游人们高一脚低一脚缓慢向上爬行，不敢侧目，只能一鼓作气一直往上爬，爬着爬着就到达了无限风光的南天门。

站在险峻陡峭、风光旖旎的山峰上，一股莫名的畅快感涌上我的心头，这也许就是积极心理学里所说的"福流"吧。

眼前的景象，让人有一种豁然开朗、酣畅淋漓的感觉。难怪前人说：无限风光在险峰！

人们都喜欢欣赏美丽的自然风景，登山时沿途有不少美景，但是，最美的风景往往都在险峰之上。人们要克服许多困难，历经艰辛，到达峰顶，才能饱览到绝佳胜景。

人生路上，何处不是险境？

登高望远，我不禁感慨万千：人生也许就是一段走险途、觅风景的旅程。

无锡鼋头渚樱花

关键词： 樱花　鼋头渚　无锡

鼋头渚，无锡太湖边上一处形似鼋头的岛屿，一个像灵龟的地方。神奇之处是这个岛屿上的突出部分像一只鼋头，因此有鼋头渚的美誉。我曾经多次到过无锡，也到过鼋头渚两次，却不知道这里还有樱花美景。

鼋头渚的樱花时节，乘车直达鹿顶山，登塔远眺山谷，漫山遍野铺满了盛开的粉红樱花，似烂漫云霞飞落人间，周边相衬着湖光水色，真是美丽如画，妙不可言！

我独自逐级而下，是一条由樱花、油菜花还有各色野花构成的花径，许多青年男女正请专业摄影团队帮助化妆、拍照。百花丛中衣群飘飘、佳人款款，令人心旷神怡，仿佛置身于仙境，樱花美景得来全不费工夫！

登上赏樱楼，放眼环顾，层层叠叠的粉色樱花如云蒸霞蔚，微风吹来，落英缤纷，花瓣盘旋飞舞，宛若仙境，令人心驰神往。我一直认为，秋天的风景最美，但鼋头渚的樱花之旅，让我领略到了春天之美，真是美不胜收，万分惬意！

回顾一周行程，我颇有感慨，庆幸自己选择了一个不早不晚的时间来到无锡，居住在离鼋头渚非常近的酒店，恰逢樱花时节，早出晚归，把樱花盛开的美景尽收镜头和心头，真是心满意足。

鼋头渚樱花之美，美在漫不经心，美在铺天盖地。

有人说"有钱就会任性"，其实有美也可以任性。

山上、地下、树冠、溪流、水面等到处都是玉白、粉红色的落樱花瓣，把眼中的天地山水渲染成了一个花团锦簇的梦幻世界，仿佛穿越时空来到人间仙境。

看着漫山遍野的樱花，我不禁想起了爱尔兰哨笛音乐《依山而来》（Come by the Hills），悠扬动听的音乐配上眼前绝佳的风景，令人情不自禁地感慨：美，都是联袂而来的啊！

人生如梦，各有各的精彩；人生如戏，各有各的浪漫。平淡无奇，自然如真！

樱花盛开时节，大约只持续10天。来早了，"天上有地下无"；来迟了，"地上有天上无"。宛若仙境的鼋头渚樱花，我踩着了节点时间，只为遇见你而来！

游览风景，去时追星赶月，回时再风花雪月！

进入鼋头渚，登鹿顶山塔楼远眺，映入眼帘的是粉红色的樱花树，周边点缀着亭台楼阁、水潭树木，层次分明，色彩斑斓，煞是好看。两天后再进园区，一场春雨后的鼋头渚，满目是被雨水打得花朵七零八落的樱林，几天前的花团锦簇已经荡然无存，取而代之的是一片春雨后的新绿。

　　旅游，旅的是心，游的是景！旅游，需要有心，有心才能有心思欣赏美景并有所收获。

　　旅游出发前，我们需要做足功课，知道要去哪里，去干什么，才能够与最佳景致相遇。

　　人生时时有美景，人生处处有美景，踩准时间，踏准天气，说走就走，方能与美景不期而遇。

旅游、养生与幸福

关键词： 旅游 养生 幸福

周末饮茶时，我见到几位养生"达人"和旅游"达人"在一起讨论关于旅游和养生的事情，他们彼此羡慕，彼此认可，可谓惺惺相惜。

旁观的我既学过一些养生之道，又出去游玩过几个地方，属于"中间人"，对于养生和旅游都懂一点，却又懂得不多。

旅游和养生是同一条道上的事情，我对旅游养生的态度是"五不、三乐"：不等待、不刻意、不羡慕、不追求、不尽情；乐在途中、乐在游中、乐在人中。

旅游不仅仅是游玩几个景点，而且是从上路开始就需要懂得每时每刻去体验旅途的快乐，随时随地发现美、欣赏美、享受美。

旅游时，之所以追求"五不"，是因为我们大多是上班族，只能挤出时间去旅游，如果等到退休后，无论是身体条件还是其他因素都有可能会影响行程甚至导致心想事不成。有空就走，及时旅游，心动不如行动，时不与我，就是我的简单想法。

一个"上班族"，还要兼顾工作，因此，"不刻意"为旅游而旅游，"不羡慕"别人的旅游，更没必要追求奢华旅游，只需要知足常乐，足矣。

对于上班族来说，"不尽情"也很重要，因为，从时间和体能等方面来说可能都需要适可而止，选择游玩一些精华地方就可以了，没必要面面俱到，浪费时间和精力。另外，还有很多地方和景点都可以通过网上了解，节省体力。

在路上，需要做到"三乐"：乐在途中，体验旅途的乐趣；乐在游中，游览时享受景点的美；乐在人中，因为游玩的最终目的还是需要人与人之间互相配合，获得乐趣。总的来说就是：及时行乐、乐在游中、乐在人中。和舒服的人在一起就是养生。

我从20世纪90年代末开始购买《中国国家地理》等旅游摄影杂志，后来，我又相继订阅《中华遗产》《孤独星球》等。经常翻阅这些旅游和摄影的杂志，耳濡目染，使我在摄影构图和地理常识等方面都有所进步，能够做到自娱自乐。

近10年，我和"驴友"们几乎跑遍了全国的省会城市以及各地的一些中小城市，增长了不少人文、历史、地理等方面的知识，也因此写下了一些感悟性的随笔。

在路上，既要身在路上，也要心在路上，体验快乐，享受美好！

其实，在人生路上，又何尝不需要以享受生活的方式活在当下、游在当下？

旅游，是一种幸福的养生方式。

用摄影表现美的心思

关键词： 摄影　心思　美

　　这些年，我喜欢在大江南北行走，喜欢用手机"随心、随时、随手"拍摄一些山川湖泊的景色，不为留名，只为留下美的心路历程，留下"美的心思"。待到夜深人静时，我泡上一壶岩茶，翻开既往拍摄的一张张照片，一边品茗，一边欣赏，回味无穷。

　　摄影的美，有二维平面的美，有三维立体的美，还有调节修图的美。其实，我更追求的是能表现心思的美。

　　所谓"美的心思"，不仅能表现出真实的场景、艳丽的颜色、明亮的光线、丰富的内涵等，更重要的是能反映自己摄影的心路历程，也能间接反映我的一段人生旅程。

　　"美的心思"其实就是要表达"我所思、我所想、我所愿"的东西，而"我所行"，则是实现愿望的过程。我认为，手机摄影是表现"自己心思"的较好方法。

　　大约10年前，看到人们放风筝休闲玩耍，我内心不禁感慨"人生犹如放风筝！"，并写下散文诗《人生如放风筝》，却发现自己没有合适的照片配文，于是，萌发了到草原上拍摄放风筝画面的想法。

事有凑巧，一位朋友前来邀请我一起到呼伦贝尔大草原游玩，正合我意。于是，我二话不说直接答应并一起搭乘飞机前往。

那天天气晴朗，我们的大巴车开到了一望无垠的大草原上，导游给我们每人分发了一个红色风筝。当大多数游客把风筝放飞天空的时候，刹那间，满天都是或高或低翻飞飘逸的红色风筝，煞是好看。"人生如放风筝"的情景真实地展现在了眼前，于是我"随心、随意、随手"拍摄了许多照片，记录下了这难忘的画面。

如何表现放风筝时的"随心所欲"，表现出我的内心愿望，一直是我在旅游摄影时追求的理想。

任凭风筝上下翻飞，任凭风筝左右摇摆，重要的是要有收放自如的心态！人生亦如此。

积极的心理，阳光的心态，快乐的生活，如何才能把这些感受表现出来呢？我认为，可以通过旅游和摄影。在旅行和摄影中拍摄美的照片，反映美的心思，既感受了生活的美，又享受了过程的快乐，让人倍感幸福。

旅行在路上，摄影让人快乐，照片让人回味无穷，视觉的享受更让幸福感不经意间涌上心头汇成涓涓"福流"。

摄影是增加幸福感的一种好方法。

秋天的美与人生的美

关键词：秋天　人生　美　成熟　收获

一年四季，我最爱秋天！

秋天的美，是温婉含蓄的美！

秋天的美，是丰收喜悦的美！

秋天的美，是人生璀璨的美！

在秋天，有大树参天的厚重金黄，有婆娑枝叶的淡淡嫩绿，有漫山遍野的五彩缤纷……种种温暖而辉煌的色彩令人赏心悦目、心旷神怡、喜上心头！

在秋天，秋风让树木脱去了茂密葱绿的衣裳，让大地披上了斑斓多彩和明艳温暖的盛装，而几乎所有的视觉美都离不开色彩的美！

尤其在深秋，寒风袭来，万山红遍、层林尽染，浸染出醉人的绚丽斑斓，引得许多旅游爱好者和摄影爱好者纷纷出行。

在这个季节，清风会让人身体倍感舒适，丰富的色彩会让人的眼睛享受盛宴，闭眼后人的脑海中也会浮现美景，心态会变得更加积极健康！

一般来说，只有心态悠然、心情舒畅、心境平和、心灵净美的人才会真正欣赏秋景的美丽，才会珍惜眼前的别样秋意！

生活中，我不会排斥任何季节，因为，大自然中春意融融、夏日炎炎、秋风习习、冬雪皑皑，各有各的精彩。

但是，如果要去旅游和摄影，那我大多会选择秋季，因为，人过中年，更能体会金秋收获的感觉，更爱秋天之美。

在秋日里，果实累累，丰收的大地披上了赤、橙、黄、绿各色各样的艳丽衣裙，且每时每刻都会展现出令人惊艳和意想不到的万紫千红，令人仿佛在欣赏舞台上曼妙婆娑的时装表演。

在秋天里，从金色的胡杨林到斑驳陆离的原始森林，再到一望无际的丰收稻田，还有那漫山遍野的白桦树、银杏树和枫树等，这些都让群山披上了色彩斑斓的绚丽霓裳，无不展示出大自然鬼斧神工、瞬息万变、璀璨夺目的美艳光影。

秋天的美，是自然之美，也是人生之美。古人喜欢惆怅秋之萧瑟，而在我眼里的秋天的美丽，那是一种视觉的美、享受的美、愉悦的美、荡涤心灵的美、人生超然的美，没有什么季节比秋天更加五彩缤纷、多姿多彩和动人心扉。

秋天的美，很多人以为只是景色的美。其实，秋天的美，更是成熟的美，收获的美，让我们人生精彩的美！

秋天的美，是自然的美，也是人生的美！

游神仙滩与月亮湾的感悟

关键词：月亮湾　神仙滩　美　心态

住喀纳斯湖畔的一个清晨，我们来到了一段蜿蜒曲折的河滩上，河道里充盈着如碧绿宝石般颜色的泉水，使河道像一湾初升的"月牙"，非常漂亮，所以这个地方叫作"月亮湾"。远处的山峦上载满了松树，在月亮的余晖下，显得月色朦胧，幽深静美。

山谷下，美丽的月亮湾旁边有一段雾霭氤氲的小河滩，月色下雾气弥漫，仿佛有仙女在里面闲聊歇息，所以叫作"神仙滩"。河滩旁边有树影斑驳的小松林，远处是旭日照亮的山顶，河滩、松林、远山融合在一起，构成了眼前清冷静谧的清幽景象。

如此美景，让我们兴奋不已，不停挪动位置，寻找不同拍摄角度，然后心满意足地欣赏自己的作品，再争先恐后地互相比对欣赏照片。

导游是我们居住的民宿的店主，看到我们不停地拍照，有点惊讶。他不经意地说道："原来你们是来看水气的啊？这有什么好看呢？"

导游的话让我思索了好久：为什么天天对着美景的人却感觉不到它的美呢？

渐渐地我明白了：拥有美和欣赏美是两回事！从不同角度看问题源于不同的心态。店主拥有美景，所以习以为常，不觉得珍贵；我们向往美景，所以不远万里前来欣赏。

拥有美景不等于能欣赏美景，不能欣赏就等于未曾拥有，也就是说，对于这种没有用"心"欣赏美景的人来说，拥有了也相当于没有；对于不曾拥有的人来说，这就是"身在福中不知福"。

为什么说"心态好，运气就会好"？因为心态好的人除了拥有美的心理，还拥有欣赏美的心态，而这种"自我满足"的欣赏心理，必然会让自己得到满足和愉悦，让自己更加容易获得"幸福感"！也许这就是我们平时所说的"心明眼亮"！

生活中，我们不仅要用眼睛去观赏美景，还要用心去欣赏美景！

眼睛所看到的美是视觉的美，而内心所感受到的美才是欣赏的美，是真正的美！

八

幸福生活的归途：静美与心安

寂静的早晨

关键词： 寂静 早晨 享受 寂寞

我习惯早睡早醒，早醒早起，起来之后打开客厅的几道门，让风吹进来，再泡上一杯产自老家的蒲坑茶，关上灯，少穿些衣服，让温柔的晨风吹拂，闭目养神，体会多巴胺释放的愉悦，感觉比继续睡觉还舒服。

虽然是二伏天气，我却在没有开空调和风扇的地方享受清风，静坐冥想。

这时，蛙不再叫，蝉不再鸣，万籁俱寂，只有远处路上隐隐约约传来的汽车声，白天的伏热还没有出现，我可以尽情享受寂静与凉爽。

在酷热的日子里，我更愿意每天早起享受这种来自大自然的晨风，不加热，不加湿，也不凛冽，只是带着风自己的节奏，微凉地触摸着你的肌肤。

客厅也有沙发和躺椅，不过，我更喜欢坐在餐桌旁，偶尔呷上一口茶，咀嚼几片茶叶，把近期的美好时光回味一下。

我曾写过一篇名为《寂寞有时候是一种享受》的文

章，里面有一句话我十分喜欢："一直不敢出名，怕出名了之后没有了自我；一直不敢出名，怕出名了之后没有了寂寞"。

的确，能够享受寂寞，是一种能力。

寂寞是人生的一种享受，是人生的一种境界。

清华园冬景

关键词: 清华大学　冬天　景色　美

冬天，我在清华园学习。散文大家朱自清先生所写的月色荷塘其实就在跟我们住宿的甲所隔一条小道的地方，由于我们学习早出晚归，几乎无暇顾及。

栖息在清华园，冬日里仍然能感受到一些秋天的阳光和黄叶。早上，晨光透过梧桐树冠上的枝叶，呈现金黄色，给人一种银杏大道的感觉。枫树，则垂吊着的五角星型的叶子在阳光下，明亮通透。地上的枯叶，在阳光的照耀下，给人一种宁静悦心的美感。

我住宿的清华甲所宾馆，是一栋有一定楼龄的老招待所，古朴清幽的环境让人体会到了老北京人住四合院的感觉。这是一栋住过不少名人的老房子，如果问这里与其他高级宾馆有什么区别？我想，这里有一个摆满了清华历史书册的架子，可以让你在睡梦中仍然可以感受到这里的空气所散发的知识的芬芳。

如果学习也算一景的话，那么用积极心理学家彭凯平老师的话说：在座的各位都是国内积极心理学的火种。积极心理学的主要特性是积极。未来，随着国家社会心理服务体系建设的推进，积极心理学必将应用于各行各业。积极心理学，作为一门自助也助人的心理科学，必然会引导人们从身体到心理，都可以通过积极心理的学习和训练，活出不一样的精彩人生。

厚德载物，自强不息！知行合一，行胜于言！

我站在北方冬季的清华园里，感受着寒风的吹拂，仿佛我们学习的知识就像眼前的冬景，过不了多久就会迎来春天而焕发出勃勃生机。

哲学养生的作用

关键词： 哲学　养生　信仰　信念

不知不觉，我已经到了养生的年龄。于是，养生成了我和朋友们经常探讨的问题。

北京大学哲学系教授楼宇烈先生认为，养生有生理养生、心理养生、哲学养生。所谓哲学养生，通俗一点说，就是思想观念的养生。培养形成一定的信念，形成一定的养生方法，自然而然就成了哲学养生。

信念也有力量，信念的力量有时候会影响到一个人的心理和生理状态，甚至还会收获超常的发挥。例如，一些运动员在某些信念的引领下，将生理和心理机能发挥到极致，促使他们夺得更加优异的成绩。

在西宁通往拉萨的公路上，可以见到许多人在用各种各样的方式朝拉萨方向行进。这些人有徒步的，有三步一叩首的，有拉着板车一路往前走的，也有不少旅游爱好者以徒步或者骑自行车等方式奔向拉萨……人们所用方法不同，但其目的都简单又明确，就是要去朝圣、去神秘的拉萨。

我们自驾着汽车，在青藏公路上来回奔走，寻找各种美景，觉得旅途非常辛苦。但是，当看到藏民和徒步者们执着而虔诚的眼神时，内心感到难以置信的震撼。相比之下，我们自觉游玩的那点儿所谓辛苦简直就不值一提。

从青海西宁徒步到西藏拉萨大约需要一个多月时间，其间栉风沐雨，风餐露宿，砥砺前行。没有强大的信念，很难完成那般艰辛的旅途。

走这样的路并坚持到底可不是每一个人都能做得到的。需要多么坚定的决心？需要多么强大的心理能量？又如何在缺氧的高原上始终保持体力？

坐在车上，我思考着一句话：这些人肯定都有强大的心理素质。可转念一想：这些人文化程度并不相同，却有共同的目标，他们都有着怎样的人生经历呢？这些人强大的心理素质源于哪里呢？思来想去，归根结底，应该就是信仰。他们在潜移默化中形成一种信念，并使之成为坚定的理想。这些似乎又超越了心理学的范畴，是哲学问题了。

对这个问题的研究有很重要的意义。比如，我们在养育小孩的时候，如果发现孩子在某方面有一定的天赋，就可以及时给予一些理念方面的引导和适当的培养，这样能促使孩子更快成才。

哲学养生，是我们以前容易忽视的养生方法，其实，在国学里面就有许多为人处世的道理和方法。例如，一篇《寒窑赋》道尽了世上为人处世之道，读懂、读透它就能掌握给心灵"按摩"的方法，并善用哲学观念滋养人生。

今天，我们日益重视养生，特别是生理养生和心理养生，也许我们也要提醒自己：注重前两类养生的时候，也不要忽视哲学养生。

寂寞是一种境界

关键词： 寂寞　境界　孤独

寂寞，是一种超越孤独的境界！

面对寂寞，有人忧虑，有人享受。

生活各自精彩，选择什么样的活法是个人自由。

有一本著名的旅游杂志叫作《孤独星球》，是由一对英国青年夫妇创办的。一直以来我都有购买这本杂志的习惯。

这对夫妇新婚之后，驾驶着一辆旅游汽车横穿过欧亚大陆，最后到达了澳大利亚。

在澳大利亚，他们把这一路上拍摄的大量照片整理出来，连同旅游经历写成文章，发表在自己创办的旅游杂志上。这本杂志以及相关的旅游用书便成了人们旅行参考的常备书。

我心中一直有个疑问：为什么杂志的名字叫作《孤独星球》？直到我自己也有"寂寞时光"的体验之后，才理解了为何他们会给杂志起名为《孤独星球》。

有一段时间，我因为早睡而早醒，夜深人静，万籁俱寂，感觉早醒之时的宁静如水更适宜思考且文思泉涌。后来，许多微博、微信、美篇上的作品都是我在东方鱼肚泛白时循着灵感，一气呵成的。

这样的寂寞时光，不仅给我带来许多遐想和收获，也让我非常乐于享受。

周末，阳光明媚，我坐在窗前，翻开书本，品上一杯茶，心无旁骛地慢慢阅读起来，沉浸在一个小世界里，仿佛置身于"孤独星球"的惬意中。朋友曾开玩笑说："你把书房取名为为'孤独书房'吧!"

向外走是进步，向内走是觉醒。

我喜欢寂寞，喜欢周末的寂寞，喜欢躺在懒人椅上，一边品茶，一边看书，一边思考问题。乐在其中，乐在寂寞中。

寂寞，是以平静的心情做喜欢的事情。

寂寞，是在宁静的世界中享受生活!

孤独现灵感，寂寞出思想!

青海盐水湖之美

关键词：青海　盐水　湖　美

有人问我："青海的美是怎样的美？"

我告诉他："青海的美主要是青绿色的美！"

大美青海，最有特色的是盐水湖的绿色之美！

小时候学习地理，青海给我的印象是，一个四处旷野、寂静荒芜、人烟稀少的地方。在我的脑海里，可可西里、戈壁滩几乎成了青海的代名词。可是，在青海深度游一圈后发现，青海，其实是一个广袤无垠、资源丰富、处处美景的地方。

青海湖，藏语是"青色的海"之意。青蓝色的湖水非常美，在阳光下闪烁着波光的清澈湖水宛若璀璨的蓝色宝石，湖边还有金色的油菜花和雪白的牦牛。

向北，汽车行走在视野开阔的祁连山脉，绿色草原像是从天上铺下来的地毯，褶皱和肌理平缓地起伏着，是那么的恬静柔美，草原上散在着的羊群仿佛从天而降的朵朵白云，远远眺望，让人荡气回肠、心旷神怡。

向西，连接与新疆接壤的茫崖，除了青蓝色的青海湖，沿路还散落着许多大小不一的"盐水湖"，在阳光照射下，像一块块巨大的各色翡翠镶嵌在青藏高原上，熠熠生辉，光彩夺目。

青海西线的美是绿色的美，是翡翠绿的美，是盐和水交融的美。可以说，青海西线的美，是盐和水交融的美，是盐水湖青绿色的美！

从西宁到茫崖，比较有名的盐水湖就有茶卡盐湖、大柴旦盐湖（蒙语是"大盐水湖"之意）、东台吉乃尔湖、茫崖翡翠湖等。这些盐水湖中，有些已经开发了一段时间，有些仍未开发，假以时日，必成为散落在大美青海土地上的一颗颗明珠。

青海这几处大盐水湖，各有各的美丽。如果说茶卡的美是"白色天镜"之美，大柴旦的美就是"蓝色山水"之美，东台吉乃尔湖的美则是大海般的"马尔代夫"之美……最令人神往的，是需要穿越千里无人区戈壁滩才能到达的茫崖翡翠湖，那种碧绿、纯粹、淡雅、清新，惹人喜爱，让人久久难以忘怀。

盐与水混在一起成为盐水湖，在阳光的照射下，呈现翠绿、嫩绿、深绿、青蓝、湛蓝、纯白等颜色。更重要的是，盐水在阳光的照耀下呈现镜面状，可以反射出水面上的人与物，在一天的不同时段、不同角度，可以拍摄出许多鳞次栉比、赏心悦目的奇幻景象。

盐，盐水，盐水湖，本是寻常物。经过阳光照射，经过用心摄影，却成了大美青海特有的"翡翠湖"和"天空之境"，成了摄影爱好者和旅游人士热衷追逐的著名景致。

积极心理学，就是要我们发现美好、发现优势。例如，把普普通通的盐水湖拍摄成美轮美奂的绝佳景色。

所以说，青海的美，最有特色的就是盐水湖青绿色的美！

福建宁德霞浦之美

关键词: 美　宁德　霞浦

福建宁德有霞浦。霞浦之美，美在滩涂，美在渔女。

滩涂、斜阳、竹篓、渔女构成的画面，足以让人印象深刻。

霞浦之美，美在文化。夕阳下，斜阳耀射着的滩涂和海水在阳光下呈现油画般千变万化的美丽画面，吸引着全国各地的游客慕名而来。

太阳西下，阳光柔和地泼洒在海面和沙滩上，大海波光粼粼，沙滩灿灿金黄，海水一浪接一浪地在海滩上勾勒着线条。沙滩在海水和阳光辉映下像中了魔法一样，变换着各种形状和颜色。

这时，一群身着艳丽民族特色服装的渔女，背着五颜六色的渔网、竹篓等渔具从滩涂上缓缓走来。这唯美的情景，诗意的画面，悦心的视觉，让人瞬间为之陶醉，福流澎湃。

海浪、沙滩、渔网、竹篓、服饰等不停变化着，像音符般婉转流畅。阳光在云层下变幻莫测，让霞浦的海湾、滩涂、竹排、海带等变得五光十色，绚丽多彩。

霞浦之美，美在风俗。从海岸到大海深处，到处都插满了竹竿，在连接竹竿的绳索上挂满了长长的海带。阳光下，半透明的海带阵闪闪发光、迎风伫立；海风中，望不到尽头的海带像森林一样绵延不断，气势恢宏，阳光、竹竿、海带阵构成了有独特魅力的场景。

霞浦之美，美在日出日落。霞浦日出、日落时的神奇景象，是大自然赐予我们的视觉享受。山、水、云、雾、霞还有沙滩，都是太阳光线创造美丽的载体。在霞浦，这些都有了，难怪霞浦能够变幻出许许多多奇特梦幻的景色，为摄影爱好者带来美丽的憧憬和期盼。

幸福和美丽是一对孪生子。美丽，不但需要外在的样貌美，还需要内在的气质美。

霞浦之美，既有斜阳光影变化的美，也有滩涂温润恬淡的美，身处其中，让人感到幸福满满！

幸福是抽象的，美丽是具体的；幸福是一种感受，美丽是一种视觉；幸福让心灵愉悦，美丽令感官快乐；幸福令思想得到愉悦，美丽让眼睛快乐陶醉。

沉浸在霞浦滩涂的美丽景色里，幸福感油然而生。

时间是最好的解忧药

 时间　解忧药

人人都希望得到幸福！

人人都希望过着无忧无虑的生活！

但是，生活又总是伴随着烦恼，生活又常常让人遭遇困难！

其实，遇到困难并不可怕，可怕的是你不相信自己，不相信时间，不相信时间可以化解那些困难！

遇到困难，解决它的关键要素有两个：一个是你拥有的能力，这是最重要的因素；另一个是属于你的时间，这是次等重要的因素。

有能力的人遇到困难往往会无所畏惧，登高望远，见招拆招，化困难于无形之中，这是真正的"高手"。

生活中我们大多数人都不是"高手"，而是能力有限的平常人。因此，许多时候我们遇到困难不是马上就能解决，而是需要时间去解决问题。

但是，在现实生活中，人人都有可能成为"高手"，前提是要相信自己，相信自己就是"高手"，也就是相信自己有一定的能力去解决问题。

世上的许多难事，其实都是一些没什么大不了的事情。困难都是暂时的，办法总比困难多。

时间是一剂良药。如果你暂时没有能力立刻解决困难，那就请相信时间的力量，相信时间可以淡化困难，时间可以化解困难。

人生沉浮，如一盏茶水，苦如茶，香亦如茶，淡泊名利，无争无夺。浮生如梦，如一杯清茶，甘苦香醇融于盏中则香气四溢，令人回味无穷，从而释放出能解烦忧的时间和空间，渐渐松解绳结，让生活中的烦恼慢慢淡化，自在逍遥，快乐于心！正如大文豪苏东坡在《定风波·莫听穿林打叶声》中所说："回首向来萧瑟处，归去，也无风雨也无晴。"

做人要善待自己，不被别人左右，也不要试图去左右别人，自信、优雅，懂得尊重别人，也懂得尊重自己。

时间，是生活的解忧药。因为，时间可以开启新的空间，时间可以开启新的思想，更重要的是，时间可以开启来一片新天地！

假如生活欺骗了我们，我们就把生活交给时间，因为，时间是最好的解忧药！

心安才能够体验幸福

关键词： 心安　体验　幸福

幸福是人类永恒的话题！

正如难以将幸福的概念进行定义一样，幸福生活其实在许多时候也会让人难以概括。

朋友曾经以逗笑的口吻问我：

"你喜欢研究幸福，你觉得我现在幸福吗？"

答："幸福又不幸福。"

问："为什么呢？"

答："幸福是有条件的，你有幸福的客观条件，不过，你缺乏幸福的主观意识。"

问："这怎么理解呢？"

答："以你现在的身份和经济收入，正常的吃喝玩乐都没有问题，可以满足感官上的所有快乐体验。但是，你现在激情澎湃，喜欢与人辩论，喜欢与人讲道理，锱铢必较，即便是亲人，上和父母争论，下跟弟妹论理，整天不得安宁，缺少清净的环境，哪里会有好的心情去体验幸福呢？"

问："我性格耿直，父母偏心，我纠正他们；弟妹懒散，收入不高，我指点他们，这些都有错吗？"

答："以你现在的社会地位和经济条件，本来应该成为这个大家庭的稳定因素，或者说是'定海神针'，但是，你却喜欢与人没完没了地讲道理，能静下心来体验幸福吗？同理，如果一个人经常跟同事争论，哪还有心思去体会工作中的快乐呢？"

问："那怎么办呢？"

答："很简单，你是这个家庭中最有条件体验幸福的人，你可能需要稳定一下情绪，少讲些道理，多联络家人感情，处理好家庭方方面面的事情，静下心来，让自己生活得相对稳定，自然而然就会有时间去体验幸福了！"

正如宋朝无门慧开禅师所作诗云：

"春有百花秋有月，夏有凉风冬有雪，
若无闲事挂心头，便是人间好时节。"

呼伦贝尔给了我三句话

关键词： 人生路漫长　夕阳无限好　人生如放风筝

10多年前，我写了一篇散文诗《人生如放风筝》，想发表在博客上，但却找不到一张理想的照片配文。恰巧一位朋友问我："有没有兴趣去呼伦贝尔大草原看看？"我立刻回答："有啊！正想去大草原拍摄一组放风筝的照片！"

到达呼伦贝尔的傍晚，旅游团把车开到草原深处的一家蒙古包饭店用餐。这时，夕阳西下，只见两辆汽车正从饭店开出去，奔向远方。于是，我便调整好位置，把行驶在草原上的汽车景象拍摄下来。望着远去的汽车和草原，我情不自禁感慨道："人生路漫长！"

拍摄完远去的汽车，正准备回蒙古包用餐时，贴近地平线的太阳给整个草原罩上了一个金色的罩子，于是，我又赶紧拿出相机，拍摄了一张金色家园的照片，并感叹道："夕阳无限好！"

第二天，几辆旅游大巴共搭乘了200名游客，开进了绿油油的大草原。导游给每个人分发了一个红色的风筝，于是，我们开始拉扯着风筝线在草原上欢快地跑起来。

　　不一会儿，漫天飘满了上下飘飞的红色风筝，这一景象令我十分欣喜，便抱起相机前后左右地跑起来，捕捉我梦寐以求的照片——"人生如放风筝！"

　　人生如放风筝，把心情寄托在风筝上，欣赏多姿多彩的美丽，享受自由翱翔的快乐。最重要的是：要有收放自如的心态！

　　当飞机起飞渐渐离开呼伦贝尔时，我望着一望无际的绿色草原，脑海中回响起大草原给我的三句话：

　　"人生路漫长！夕阳无限好！人生如放风筝！"

静美是一种幸福生活

关键词： 静美　幸福　生活

秋凉季节，我喜欢晨风，喜欢静美！

立秋过后，一场秋雨一场寒，天气渐渐转冷。虽然白天仍然有点热，晚上却变得寒冷起来。

秋天的晨风，略带凉意，不紧不慢，拂身而过，让人感到肌肤舒爽、心生惬意。

我大约在清晨五点多起来，打开厅堂的各扇门窗，让风从八面吹来。我躺在沙滩椅上，闭目养神，让身体在寂静中沐浴舒爽的清风。

随着年岁增长，我对吃喝穿戴已经没有了那么多的讲究，尤其是"新冠"疫情期间，外出旅游也少了，在家沐浴晨风便成了我的挚爱。

躺在椅子上，闭目养神，回忆起近期一些开心的事情，回想起那些曾经游历过的地方，快乐感便油然而生，感觉幸福满满！

在读大学的时候，附近一所学校的门墙上写着一行校训，其中的两个字"慎独"让我凝神深思，后来才渐渐明白，大概是指"自我要求，始终如一"的意思。想到父亲对我的教诲和期盼，我慢慢地理解了这是人生中一种追求自律的品格。

在躺椅上，沐浴清风，也让我慢慢地想明白了：无论是慎独的思想，还是自律的品格，以及现在喜欢的沐风意趣，其实都指向一种"静美"的生活方式。

静美，是一种幸福生活！

九

人生是一场精彩的旅行

行走在时空当下

关键词： 时空　当下　行走

随着年龄增长，经历的事情多了，看过的风景多了，我对人、对事、对社会、对当下各种社会现象的理解也更透彻了，心态也就变得更淡然，会更享受当下。对我而言，活在当下真是益处多多。

从时间上来说，活好每一天，不纠结过往，不后悔曾经。做自己认为有意义的事情，天天开心，日日快乐，不纠结于琐事，不纠缠于小人，不沉浸在烦恼中无法自拔。遇到困难时，我相信时间是解决问题最好的方式，以时间换空间，水到渠成，最终顺理成章，将问题解决！

从"空间"上来说，胸怀世界，眼观六路，耳听八方，不仅在自己的地域上能够孤芳独赏，在自己的专业上能够自我陶醉，而且在其他方面也会有所作为。心胸宽广，视野开阔，能够认清山外有山、人外有人、天外有天，自然就会虚心学习而更上一层楼。

从"内容"上来说，在专业细分化的时代，隔行如隔山，所谓的"专家"也只不过是在所处的领域范围内有所作为。在这个快节奏的时代，能够沉得住气做点实事不容易。

从"心态"上来说，思维方式需要正确，思维内容需要阳光，面对现实，满怀信心地去解决实际问题。不必羡慕他人，认为自己一无是处而妄自菲薄、怨天尤人，或高估自己而自鸣自得、自以为是。做人做事，心胸坦荡才能心安理得，无愧天地。

随着视野逐渐开阔、思维逐渐分散，我发现很多事情都不过如此，然后，生活态度变得超然，心境也变得坦然。人活着无非就是为了生活好，工作好，活好每一天，快乐每一天。正如俗话说的"活在当下"！

一个人如果能够有好的心态、平稳的心境，则可以生活无忧，时时快乐，天天幸福！

幸福需要源动力

关键词： 源动力 幸福 草坪

说起来也许令人难以置信：一块绿色的小草坪影响了我的后半生。

积极心理学有一个概念叫"积极档案"，说的是平时保留的东西有可能会成为你前进的动力。

小时候，我家住在小县城（清远），县城前有一条河叫北江，县城后有一座山叫北架山，这个地理位置有山有水，就像"风水大师"常说的"前有罩，后有靠"。千帆过尽，雨后山清，见多了，就不觉得这些是风景。

不知何时，我学习了"风景"这一名词，便感觉风景——美丽景色，应该是很远的地方才会有的东西。

读高小的时候，我的父亲在清远北江上游的飞霞山开会，正逢暑假，于是我就坐船、爬山去那里看望父亲。

站在飞霞洞的山门前，眼前景象正如山路上亭子的楹联所写："云遮雾绕，重峦叠嶂，茂林修竹，清流激湍……"我才意识到，这就是风景。

等到我年长一些，再次登上飞来寺和飞霞山，才知道宋代文豪苏东坡也曾到此一游，并留下了著名诗句："天开清远峡，地转凝碧湾"。

读大学的时候，因手头拮据买不起照相机，到过哪里旅游自己都已经淡忘了。参加工作之后，我买了一部国产照相机，才逐渐留下了旅游的记忆。

真正意义上影响我后半生的第一处风景，其实就是一块普通的绿色草坪，因为，那个时候见识尚浅，哪怕是一片绿色草地也会令我惊讶地认为这是一道风景。

在 20 世纪 90 年代末，我们去杭州旅游时住在西湖边有名的杭州饭店。这个饭店依山傍湖，推窗眺望，秀丽的西湖景色便涌入眼帘，湖景山色中可见雷峰塔的身影，更远处是盛产龙井茶的狮峰山。

早上，我们要走过马路去对面的西湖小道散步，便需要穿过饭店门前一片 500 多平方米的绿色草坪。草坪非常漂亮，于是，我回头对着草坪和饭店拍摄了一张照片，碧绿的草坪边绿树成荫，赭红色的建筑掩映其中，风景真是优美。

我一直保留着这张照片，并把它设为我早期网页的封面，潜意识中希望自己将来也能拥有这么一块小草坪。这可能算是我最早的积极档案了。

这张普通照片也激发了我对未来居住地的灵感，希望将来买房子的时候能够有这么一片绿色草坪，希望我的房子是一座看得见风景的房子。

从那时开始，我一直努力学习，努力工作，就希望将来有一天，能拥有这么一块绿色小草坪。

　　20 多年后的一天，当我搬进新居时，望着房前屋后一块块绿树环绕、生机盎然的绿色草坪，忽然回忆起了杭州的那块草坪，不得不感慨：年轻时的一个小小愿望，却成了我后半生的幸福源动力！

　　美的愿望是人生不可或缺的源动力！

信念立人说古田

关键词: 古田　信念立人　星星之火

早春二月，油菜花开，小盆地古田到处生机勃勃，春意盎然。

古田，是福建省龙岩市上杭县一个比较大的自然村落。它四面环山，形似宝盆，富甲一方，是有名的风水宝地。

廖家祠堂是一座典型的闽西乡村建筑，是当年古田会议的旧址。祠堂面向平地，背靠仙山。仙山山势平缓舒展，山上生长着千年的红豆杉和挺拔茂盛的苍松翠柏，从远处望过去，郁郁葱葱，像一面绿色屏风稳稳伫立。古朴的祠堂，庄重肃穆，点缀在一片翠绿之中。

晨起，空气清新，鲜花盛开，绿树成荫，漫步在古田，无论走到哪里都是寂静清幽，好一个人杰地灵的地方。

古田有两块特别有意义的石碑。

一块上面镌刻着"星星之火，可以燎原"。只要有想法，就会有办法；只要有信心，总会有结果。在生活中，每当遇到困难的时候，总是情不自禁地想起这八个金色大字，它诠释了一个简朴的道理：越是困难的时候越需要坚持，最后必然会有一个好的结果。

另一块石碑上镌刻着"信念立人"四个字。对于一个人来说，信念是立身之本。

没有信念，生命的动力就会荡然无存！现代社会，年轻人喜欢讲"emo"（网络流行语，用于表达忧郁、伤感等心情），喜欢玩游戏，有些甚至沉浸在虚拟的游戏世界里，故步自封，自我陶醉，这可能跟信念缺失有关。"信念立人"是治愈那些信念缺失者的良药。

这两句简短的碑文告诫我们，人的思维、情绪、行为和意志都需要"信念"来支撑。要想活得好、活得自在，心中就需要有理想信念。幸福是坚定信念、努力奋斗出来的！

人，有理想信念才能活得更好！

走在古田的田埂上，我想起曾经的峥嵘岁月，想起先辈们为信念和理想奋斗的一幕幕。我用"信念立人"四个字一直鼓舞着自己，以"星星之火，可以燎原"的信念不断努力，于是才有了今天的一点点成绩。我也一直怀着感恩之心并保持不断学习。

信念立人，积极的信念会让人对未来充满希望，成功的未来从龙岩古田开启。

万事只求半称心

关键词：小满　圆满　如意　半称心

又是 5 月 21 日，迎来了一年的小满节气。

小满，是二十四节气中的第八个节气，也是夏季的第二个节气。

每到这时，我国北方地区的冬小麦等夏熟作物籽粒已经开始饱满，但还未完全成熟，因此，称为"小满"。

如果要列出幸福清单的构成元素，如头脑聪明、婚姻幸福、子孙满堂、工作顺心、事业有成、经济自由等，你就会发现，现实与理想相差甚远而不免会失落。因此知足而常乐，能够小满也就心满意足了。

回望自己已得小满的半生，离不开长辈们的谆谆教诲、老师们的悉心教导以及亲朋好友们的热情帮助，更离不开自己在生活和学习过程中的勤奋努力才不断成长逐渐成熟。所以，我时时感受到幸福快乐，并满怀感恩地过好每一天。

随着年岁增长，我越来越觉得，人的成功除了自身努力外还与两样东西密切相关：天赋和运气。

　　天赋拜父母所赐，是与生俱来的，只是这天赋需要后天的发现、开发和运用。小孩子成长优秀，努力固然重要，但是，发现其天赋并将其挖掘和发挥好也非常重要。同样，运气也是必要条件，没有被伯乐发现或者没有抓住机遇，就只能兜兜转转费心寻觅了。

　　回想自己年轻的时候，其实也可以选择其他职业的，最后选择了今天这条路，可能也是冥冥之中自有天定吧。

　　综观历史上的帝王将相风流人物们跌宕起伏的人生经历，不难得出结论：人生不求太满，小满即是圆满。正如杭州灵隐寺的一副对联：人生那能多如意，万事只求半称心！它真正道出了人生是不可以奢求圆满的，也很少人能够大满。小满足矣！

　　丰则盈，满则溢，万事万物皆如此，凡事过犹而不及。小满，也许就是人生较好的状态。

　　不恋过往，立足当下，放眼未来，小满即可心满意足。小满就是人生的大智慧。

舒适的空间与生活

关键词：舒适　空间　生活　虚拟

　　生活在现实的世界里离不开空间。空间，有物理的空间，有哲学的空间，还有现代人经常要进入的虚拟空间。人们要面对现实，其实很多时候就是要面对空间，特别是要面对生活中大大小小、各种各样的空间。

　　物理空间。从古到今，人们需要面对最多的可能是物理空间。物理空间有多个维度，零维的点，一维的线，二维的面，三维的立体，还有四维、五维、六维等许多维度。而人们在日常生活中对空间的认知主要是在地球的三维空间里面，通过五窍、六腑以及身体、四肢等去感受美与丑、甜与苦、香与臭、兴奋与疲惫、快乐与不适等。一个懂得享受生活的人，很多时候会在自己的空间里下功夫，进行各种活动，满足自身和家人以及集体和社会的需要；一个懂品味生活的人，也会创造出各种各样精致的环境，让自己和身边人更加舒心自在。当然，如果过于强调这个空间的作用，则会成为享乐主义者。

　　哲学空间，主要是指意识、信念、信仰、格局等精神层面。人们通过物理空间的感受，心理状态和思想境界会不断觉悟，逐渐形成自己的信念和信仰，这些也会反过来影响自己的一生。不管层次高低，每个人都会在自己的空间里自洽而快乐。而适当的自洽可以提高自己的幸福感。当然，这些快乐需要建立在遵纪守法和符合风俗习惯的基础上，否则就会变得自大狂妄，与周边的人格格不入，从而影响到自己的生活。

虚拟空间迅猛发展，科技创新令世界发生翻天覆地的变化，信息资讯千变万化令人目不暇接，很多时候会让我们只能在自己熟悉的领域里面有所发展，而对其他不熟悉的领域知道得越来越少。这种发展趋势让年轻人站在了前沿，中年人被动努力跟上，而老年人则变得无所适从。认清自己的状态，找到自己与社会接轨的虚拟空间变得越来越迫切，否则，人就会跟不上时代的节奏而打乱自己的生活秩序。

一个人活在当下，面对空间，主要是活在现实生活的物理空间，活在精神层面的哲学空间，活在加速发展的虚拟空间。精神层面的哲学空间决定了一个人的物理空间是否舒适和虚拟空间是否深远。一个有信仰的人会按照自己的信念去生活；而一个没有信仰的人，许多时候则会因贪图享乐而影响健康。有些人沉迷于网络世界失去了物理空间创造的生活财富，便失去了生存的条件。过于沉迷虚拟空间，会让人脱离现实生活。

能在虚拟空间进出自如的人，是懂得生活的人。走进虚拟空间却走不出来的人，可能会逐渐削弱自己在现实物理空间的生存能力。

一个成功的人基本上是能够轻松自如进出不同空间的人，也就是说，能在各种空间辗转腾挪、收放自如的人。

生活中，各种空间都是同时存在的，其中，对我们生活影响比较大的主要是物理空间、哲学空间和虚拟空间。在这三个空间里面，哲学空间起主导作用，会影响一个人的物理空间和虚拟空间。哲学空间的建立和修炼对于我们能过上持久而舒适的生活非常重要。对于现代人，哲学空间也影响了我们生活的许多方面。

了解物理空间会让我们懂得品味和享受生活。

但是，在生活中，在我们享受物理空间的时候，也要注意防范物理空间对我们不利的影响，如灾害的发生。学会从心理上和方法上应对突发事件对我们的影响，是我们能够获得持续幸福的重要能力。

懂得在物理空间享受的人，基本上都是一些懂得享受物质生活的人。懂得在哲学空间享受的人，基本上都是一些有信仰或者有信念的人。懂得在虚拟空间享受的人，基本上都是一些擅长创新或者善于接受创新的人。虚拟空间的学习会让我们更加容易融入社会，提高生活能力，让生活锦上添花！

培养舒适的人生空间可以带来舒适的生活！

人生的完美与残缺

关键词： 完美　残缺　人生

人们总是希望自己的人生是完美的。

但是，很多时候我们却需要面对残缺。

从完美中发现美并不难，但是，从残缺中发现美则不容易。

完美，是人类的共同愿望；不完美，则是现实世界的真实存在。

在一次拍摄花卉的时候，我发现有一朵花像散了架一样，部分花瓣已经耷拉下来，显得非常不完整，但仍不失美丽，甚至具有一种别样的魅力。于是，我拿出手机，找好角度，调好清晰度和亮度，拍摄了一张照片。

人生不一定完美，不完美才是人生。

人生就如月亮，圆满只是一瞬间，不圆满却是常态。不过，月亮不圆满的月缺、月牙、月全食、珍珠贝等形状却是月亮最美丽、最精彩的状态。

我最喜欢月食中略带缺陷的"珍珠贝"。那一刻，残缺的月亮熠熠生辉，光彩夺目，令人震撼，令人情不自禁而为之欢呼！

通常，人们都喜欢完美的东西，但是，过于追求完美可能会让人做事情过分认真而增加心理负担，让人疲惫不堪。

有时候，适当接受不完美，也许会让生活变得更加轻松、舒适和自在。

其实，现实生活中，大多数人都会遇到许多不完美的事情，会留下一些遗憾。如何认识和包容这些缺陷，反映了一个人的心态。

对于残缺的认知，有两种心态相对比较积极：一种是包容的心态，内心允许残缺的存在；另一种是发现残缺美的心态，从不同角度发现残缺的美，发挥和发扬这些残缺美的优势，让原来感觉不完美的东西美感十足。

例如，我曾经到内蒙古额济纳旗的黑水城旅行，面对风蚀严重、断壁残垣、破旧不堪的土城，为了拍摄出其精彩的一面，我们在城外等候了几个小时。

黑水城塔楼虽然外表破败，但是，在日落时分拍摄出来的照片却清晰明亮、光彩夺目、美轮美奂。为什么呢？因为画面展示了日落夕照的美、色彩明亮的美、高耸佛塔的美以及塔身精细雕琢的美，还有城塔凝聚了历史神韵的美。

美丽瞬间，就在日落那一刹那出现。

又如法国卢浮宫的维纳斯雕像，虽然失去了双臂，但仍然展示出维纳斯身体结构的美、隽秀脸庞的美、优雅气质的美。

人生中，无论我们身处何时、何地、何种环境，需要的不是对不完美的抱怨，而是包容实际存在的一些缺憾，并发现其中的美，欣赏其独特的美，再以我们的自信愉悦泰然地度过人生的不同阶段！

回到现实生活，面对不完美，更加需要有退一步海阔天空的心态，顺其自然，顺势而为！

正如杭州灵隐寺内的一副对联：

"人生哪能多如意，万事只求半称心。"

一蓑烟雨任平生

关键词：苏轼　心态　焦虑

人生漫长，风雨兼程！

这些年，我陆续读了一些关于宋代文豪苏轼的书，也看了一些评述苏东坡诗词人生的视频。如果问我，对苏东坡诗词印象最深刻的是哪一句？我认为应该是"也无风雨也无晴"。

人生路上，有风有雨，还有晴天。做到对风雨视而不见，听而不闻，云淡风轻一带而过，是一种境界。

但是，要达到这种境界需要一定的时间、空间以及生活的磨炼。正如孟子所说："故天将降大任于斯人也，必先苦其心志，劳其筋骨，饿其体肤，空乏其身。"面对困难，迎难而上，思想成熟并有一定的心理韧性，对艰难险阻沉着冷静，无所畏惧，才会有这种"也无风雨也无晴"的觉悟。

在快节奏的现代生活中，焦虑是被大众感知比较多的一个心理学名词。高考前、工作前、结婚前，许多人都会或多或少地有一些焦虑，需要做一些心理辅导，或者说需要"岗前"培训，以减少焦虑，提高适应能力。许多人虽然不知道"焦虑"为何物，但也常常感慨："我有点焦虑。"

作为一名经常跟焦虑的人打交道的心理学人，我认识到：生活无常，人生无常，生活中的许多细节性问题都会造成一个人莫名的烦恼，也就是——焦虑。

焦虑是常见的、复杂的、不请自来的、挥之不去的烦恼。

焦虑，简单地说就是担心。之所以说它是复杂的，主要是因为焦虑的形成过程比较复杂，是由许多说不清的因素促使其形成的。

焦虑有天生的，如生理问题的影响，受心率快慢的影响；有后天的，如家庭的影响，成长过程中的各种艰苦磨难的影响。

轻微的焦虑本来就是生活的一部分，有时候甚至是一种前进的动力，但是，过于焦虑可能就会变成一种心理疾病。过于焦虑几乎都与想得到的能力、金钱、荣誉、名分、利益等心思有关。

我们要看淡得失，方能排解忧愁。"也无风雨也无晴"其实就是说，人需要看淡许多事情。正如佛家《心经》里所说的："心无挂碍！"

关心、关注的东西少了，算计的东西就少了，得到的信息也少了，焦虑自然就会减少。但是，由于获得的信息量少了，敏锐度下降了，得到的利益可能也会相应减少。

所谓淡泊名利，就是人有时候需要心甘情愿地少拿一些东西。

回头再看苏东坡的词《定风波》，正因为有了"一蓑烟雨任平生"的豪情，最后才会有"也无风雨也无晴"的豁达。

如果能够真正做到"也无风雨也无晴"的坦荡胸怀，相信焦虑担心的东西一定会减少。"也无风雨也无晴"其实就是换了一种表达方式的"心无挂碍"！

人生得一些精彩足矣

关键词： 人生　精彩　满足

没有去河南云台山之前，我只知道山西的五台山。五台山位于太行山脉西北端的山西境内，是太行山脉的龙头位置，位居中国四大佛教名山之首，山中寺庙林立，香火旺盛，传说连清朝顺治皇帝也要到这里出家。

云台山位于太行山脉东南方的河南境内，从山外看过去，就像一个大石台摆在云海中。因山岳高峻，群峰间常见白云缭绕，若仙境一般虚幻美丽，所以叫作云台山。

云台山景点很多，但绝妙精华之处是在红石峡谷。峡谷长约两千米，深约六十米，宽约十几米，因为峡谷两边都是红褐色的石英石，故被叫作红石峡谷。

谷底是一条小溪，溪水一潭接一潭地循级而下。潭水清澈见底，水下长着厚厚的绿草，像一面面绿色的镜子，甚是好看。水草丛中，有一些小鱼和浮游生物在嬉戏玩耍，仿佛是在迎接贵宾。

峡谷两侧，怪石嶙峋，杂草丛生，很多大小不一的瀑布从山上石缝中奔涌而出，撞上阳光，彩虹漫天。游人从峡谷两边的栈道上接踵前移，边走边观赏峡谷景色，大自然的美少了人工堆砌，美在天然。

红石峡谷最精彩的地方在红石天桥。那天桥位于谷底，天然的红色石板仿佛是人工架设在溪水上，自然形成一座仙桥，桥下有两个孔，流水从上一潭水穿过双孔，形成两条小瀑布，流到下一个落差有三米多的潭水中。

人从桥上走过，形成独特一景：桥上行人，桥下水流，流水形成瀑布，仿佛人在瀑布上走过。游人走在瀑布上感到十分兴奋，不断变换姿势让两岸的同伴拍照，而桥两侧的同伴也不断地呼喊着要给桥上的人拍照，桥上桥下，喧闹欢腾，甚是热闹。

过了红石天桥，再走上栈道，峡谷景色渐渐平淡。游人不再大声呼叫，归于平静。待走出红石峡谷，山色则更变得浑然了。

旅游辛苦一路，精彩的地方只是一两处，其余的地方可能会显得平淡无奇。

人生如旅游，该精彩时就精彩！等到平淡时，游人停留的时间就会缩短，也就归于平静了。

平凡的人在大多数时候都是平凡的，只在某个地方和某个时候可能会出彩。所以，人生能够出彩的时候要尽量抓住机遇出彩。

红石天桥，景色独特，有了这个平台，任何人走上去都会精彩！

美可改变心理和生活

关键词： 美　心理　生理　改变

美可以改变人的心理和生活！

视觉美是最简单、最直接、最丰富的美！

一个人，如果心态积极，看到的东西就会阳光灿烂；如果心态消极，看到的东西就会晦暗朦胧。

曾经有位大学教授做过一项研究，给一些自觉心情郁闷的人发放一部手机，用于每天拍摄一些自己认为漂亮的东西，并把照片发上朋友圈供亲朋好友欣赏。过了一段时间，这位大学教授做前后对照研究，发现这些人的心情都有所改善，而且变得更加开朗活泼。

由此可见，视觉美可以改变一个人的心情、改善一个人的心理，让人的心理变得更加积极乐观。

2006 年，在一次出差途中，有两位年轻的大学老师谈论着手机功能，并说手机拍摄上传照片和书写文字都很方便，写作博客文章也非常方便，这让我开了眼界，了解了手机的功能，从此也开启了我的博客记录生活趣闻之路。

　　事有凑巧，没过多久，一位朋友过来问我有没有兴趣买部新手机，且可以便宜一点，说的正是两位年轻老师谈论的那款手机，于是，我二话不说就入手了，正式开始了用手机拍照和写作的人生旅程。

　　在工作和生活中，每当有所感悟，我就马上拿出手机记录下来；每当发现漂亮的事物，就马上拿出手机拍下美照保存。不知不觉，几年间，我竟写了近千篇文章，拍摄了几千张照片。

　　随着时间的推移和技巧的积累，我的摄影技术有所提高，发现美、欣赏美的眼光也有所进步，对生活中的许多琐事似乎也看得更淡。有空时，我偶尔会拿出手机，慢慢欣赏美照，自我陶醉一番，愉悦的心情油然而生。

　　我喜欢自然的美，更喜欢大自然所表现出的光影交集的美。在学习和欣赏美的过程中，我感觉自己的心理也变得更加积极，更希望把美融入工作和生活中，以便更好地感受工作的美、生活的美和人生的美。

　　美，可以改变一个人的心理！

　　美，可以改变一个人的生活！

　　美，可以改变一个人的人生！

人生是一场美的修行

关键词： 人生　修行　积极心理学

有人说：人生是一场旅行！

有人说：人生是一场修行！

不管人生是一场旅行还是一场修行，在浩瀚的星空宇宙里，在漫长的悠悠岁月里，人，只不过是一名匆匆过客。

一直以来，我每年都会选择在国内一些地方旅行，虽然这仅仅是我人生中的一小部分生活，但是，却让我深深体会到：人生是一场美的旅行。

这些年，全国许多地方的秋景都给我留下深刻印象，如陕西秦岭漫山红遍，西藏林芝桃花盛开，内蒙古额济纳胡杨林遍地金黄，南方栖霞山的红色枫叶层林尽染。而在其他季节，西藏冰天雪地的山峰，青海旷野无垠的戈壁，茫崖碧绿剔透的盐水湖，更是美不胜收。每逢秋天，我们会选择西部一个漂亮的地方行走，因为，西部的风光更加自然，更加原始，更加狂野。而旅行中的长途跋涉，会更加锻炼人的身体和意志。这种视觉的享受和身体机能的锻炼会更能让人体会人生的美妙!

前几年，我先后自驾去了新疆、西藏、青海、陕西、内蒙古等地方，还有甘肃陇南、贵州黔西南等待以后有机会再前往。

在夜深人静的时候，当我站在呼伦贝尔大草原上、站在青海西部的冷湖镇、站在北疆的喀纳斯湖畔、站在一望无垠的旷野中仰望天空时，都有一种手可摘星辰的感觉，让人情不自禁地感慨宇宙星空的璀璨美丽。

生活中，我们经常会遇到这样或那样的烦恼事情，有时候甚至无法自拔。走到大自然中，会让我们心无旁骛，专心欣赏高山雄伟，欣赏河流壮观，领略风土人情，感受民风淳朴，然后把心中烦恼抛之脑后，享受美的生活。

2012 年的时候，除西藏外，我几乎跑遍了全国各省。由于担心高原反应，一直不敢前往西藏，也一直留着遗憾。我一直在纠结去还是不去西藏，去，万一身体出现不适应怎么办? 最终，西藏的壮美景色吸引着我下决心前行。

2021 年 3 月末桃花盛开的时候，我们的飞机降落在西藏林芝机场。在林芝游玩多日之后，我感觉身体没有什么不良反应，便直接把车开到了令人神往的拉萨。

在西藏旅行的 10 天时间里，每天背负行囊能走上万步，让我认识到：这些年，我不是身体不行，而是心理或者说思想上有障碍，有害怕高原反应的心结。经过多年的修行，特别是在 2019 年系统地学习了积极心理学之后，终于，我用积极的心态驱除"心魔"，动身前往西藏，收获了高海拔的湖山美景，也提升了人生境界的高度。

当我们轻松地站在布达拉宫广场拍照的时候，我的内心不禁感慨：我已经站在了世界的最高端！这些年的修行让我站到了人生的一个新高度！

西藏是一片神秘的净土，是与天空最接近的地方。在这里放眼望去，巍峨的雪山圣洁又美丽，令人叹为观止而又肃然起敬；碧蓝的苍穹深邃又宽广，令人思绪澎湃而又心如止水。

到了西藏，心灵会受到净化和洗涤，信念会得到夯实和升华，这里的一切都启迪着人对生命的理解和热爱，增强着人对美的追求，更让理想和信念上升到新的高度。

常言道："读万卷书，行万里路。"不要为了读书而读书，为了旅行而旅行，这样才能更好地去学习和生活。美的旅行享受的是短暂的快乐，而把远方带回到日常工作和生活中，会让人们更好地去享受愉悦而长久的美丽人生。

西藏是一个神秘的地方，高原反应让人感到恐惧，虔诚的信仰令人钦佩，因此，去西藏成了磨炼我的体魄和意志的一种修行。

由旅行想到生活，想到工作，想到学习，哪一项的成功不需要坚定的信念？人生就是一个凭着坚定的信念不断地克服困难的过程！正如春秋战国时期思想家墨子所说：忘不强者智不达，言不信者行不果。

从西藏回来以后，我感觉平时说的"退休"只是换了一种生活方式。我认为，人生没有退休，只有重新前行，而且是"倍儿美"地前行！

幸福其实不简单，人生就是一场美的修行！

执笔写心， 分享人生感悟

由于从事心理相关方面的工作，我经常需要与人探讨一些心理问题，久而久之，就习惯了把工作中说过的话结合学习、生活、旅游时产生的一些想法写成文章。具体地说，就是把内心感悟的东西以文字形式记录下来。

从 2006 年开始，我先后在博客、微博、微信等平台发表上千篇文章，从中选取了 90 多篇，经过反复修改，结成本文集，以供分享。

这些文章，立意重点放在"言之有悟"，包括随笔、散文、游记、读书心得等文体。无论我用什么文体，基本上都是借笔抒发一些内心的感悟。

这些文章，没有把重点放在"言之有据"，没有过多的理论依据，抑或浅尝辄止；没有把重点放在"言之有方"，没有过多的处方式的建议，更多的是想说明：这是我的感悟，仅供参考，共同进步。

我写感悟经历了随意写、刻意写、随心写的过程。最初是随意写，仅仅抒发感情；后来是刻意写，总希望背靠心理学流派写；最后，感觉随心写就可以了，把自己的感悟写出来就好。

据一些比较熟悉的朋友反馈："读你的文章，内心会有一种'平静舒适'的感觉。"这反馈令我甚感欣慰，也心满意足！

《心经》上说，心无挂碍。自在心安，是一种境界，至少可以让人减少焦虑。当然，这需要在努力工作的基础上去追求，或者说需要在努力工作和心无挂碍之间寻求一种平衡。我的文章也许也在寻求这种平衡。愿与同道者共勉。

执笔写心（理），分享人生（幸福）感悟！

后　记

　　小时候喜欢天文学和浩瀚星空，大学时读了医学，然而我内心却一直喜欢文学。工作后，我学习了一些心理学知识，曾经还专门做过一段时间的心理健康教育工作，加上业余时间爱好旅游和摄影，于是，在不知不觉中成了一个杂学的人。

　　本书是一本生活感悟的文集，前后大约写了20年，都是一些关于生活、学习、旅游和工作的事以及心得体会。初心是为了抒发自己的思想感情，并不想写成一本"心灵鸡汤"。如果一定要用一句话来概括本书，可以说是：一壶有点生活味道的茶水。希望它能时刻提醒自己淡泊名利、宁静致远、心安处世。

　　写心理随笔的初心仅仅是为了记录一些生活感悟，没想到一发而不可收，越写越多，竟写成了一本感悟人生的文集。

　　本书的写作可分为三个阶段：2012年以前，我主要是写一些专业的医学知识以及相关心理知识的科普文章；2012年，我转到公共卫生部门工作后，多按心理健康教育模式写作；2019年，我到清华大学参加了积极心理学的系统学习后，花了三年多的时间，把之前精选出来的文章重新整理润色，便形成了现在这本文集。

书中的内容主要分为以下四个部分：

（1）关于幸福生活概念的理解、探寻、总结、体会。

（2）幸福生活的实践：育儿、读书、旅游。

（3）幸福生活的归途：静美与心安。

（4）幸福生活的感悟：人生是一场美的修行。

此书可以说是我中年之后的心理轨迹，或者说是心路历程，又或者说是幸福探寻过程。通过记录自己在工作、生活、学习，以及休闲、娱乐、旅游等方面的一些心理活动，我感受到，人与人之间只有和谐相处，才能身心健康。

唯宽可以容人，唯厚可以载物。